环境空间设计与布置

谷 芳 著

中国建材工业出版社

图书在版编目(CIP)数据

环境空间设计与布置/谷芳著．--北京：中国建材工业出版社，2017.12（2024.1重印）

ISBN 978-7-5160-2078-4

Ⅰ.①环… Ⅱ.①谷… Ⅲ.①环境设计—研究 Ⅳ.①TU-856

中国版本图书馆CIP数据核字（2017）第264857号

内 容 简 介

本书以环境空间为研究对象，针对环境空间的设计与布置进行了详尽的分析，是一本较为全面，有条理、有重点的环境空间设计的理论著作。本书论述了环境空间设计的思路、方法以及大量的经典案例分析，思路清晰、内容详细，理论阐述深入浅出，使读者易读易懂且不失趣味。整体上说，这是一本有特色、有深度的环境空间设计研究作品。

本书适用于相关专业人员学习和工作借鉴使用。

环境空间设计与布置

谷 芳 著

出版发行：中国建材工业出版社

地 址：北京市海淀区三里河路11号

邮 编：100831

经 销：全国各地新华书店

印 刷：北京雁林吉兆印刷有限公司

开 本：787mm×1092mm 1/16

印 张：12

字 数：290千字

版 次：2017年12月第1版

印 次：2024年1月第2次

定 价：**56.00元**

本社网址：www.jccbs.com 微信公众号：zgjcgycbs

本书如出现印装质量问题，由我社市场营销部负责调换。联系电话：（010）57811389

前 言

万物以某种空间的方式而存在，人一生中的每时每刻也都占据着一定的空间。可以说，空间是人类认知世界最初始也是最基本的媒介。《易经》中关于“乾”“坤”的爻卦符号就是中国古代先贤通过象征的方式对于天、地、人三位一体的宇宙空间方位关系的阐述。一方面，空间作为日常生活中接触到的最普通最熟悉不过的事物，是直接而具体的；但另一方面，空间却又很难用言语加以叙述和定义。环境空间的设计与布置便是人们对空间的诉求与探索，是人们用情感与智慧去塑造环境空间的一个过程。

“造园一名构园，重在构字，含意至深，深在思致，妙在情趣，非仅土木绿化之事”。贝聿铭先生在苏州博物馆新馆设计之初，秉着“中而新，苏而新”的设计理念与“不高不大不突出”的设计准则，塑造了诗词意境中的空间结构。现如今，城市化进程的日益推进，造成了当下社会实际生活空间与理想景观空间的冲突，这种空间上的矛盾与纠葛促使人们越来越重视现代环境空间设计与布置，追求环境意境与适用性的统一。然而，环境如作诗词一般强调“意在笔先”方可“胸有丘壑”，需先构思空间氛围的意境创造，按照合理有序的结构组织归纳场地，对设计元素进行整体空间的合理布局并强调细节的处理，方能营造出具有独特审美特征的环境空间。

环境空间设计是一门尚处在发展中的学科，关于它的定义和学科知识体系的构架与内容，也尚未形成定论。著名环境艺术理论家多伯（Richard P. Dober）曾这样说：“作为一种艺术，它比建筑艺术更巨大，比规划更广泛，比工程更富有感情。这是一种重实效的艺术，是早已被传统所瞩目的艺术。环境艺术的实践与人影响其周围环境功能的能力、赋予环境视觉次序的能力，以及提高人类居住环境质量和装饰水平的能力是紧密联系在一起的。”由多伯的阐述可以看出，环境空间设计是人们为了获得更适宜人类生存、生活的空间，通过科学和艺术的设计手段对人类的聚居环境进行的创造性活动。它涵盖的范围广、综合性强，几乎涉及了城市规划、城市设计、建筑设计、园林设计、室内设计、公共艺术设计、工业设计等多个专业设计领域的内容，是一门交叉性的、边缘的新兴学科。它通过艺术的理念与手法来改造客观环境，同时也离不开工程技术的支持，是一门艺术与科学相结合的综合设计门类。

正如新石器时代原始人类学会制作工具是设计的萌芽一样，当人类开始筑巢掘穴的时候，人类对环境空间的“设计”就开始了，尽管这只是为了寻求一处遮风挡雨的栖居地。在漫长而艰辛的生存发展过程中，人类不断地探寻自身与环境最为和谐的关系。从最原始朴素的功能需要，到更高层次的精神心理上的诉求，始终贯穿着人类不变的美好愿望——

探索并创造合理而美好的生存空间，这也是环境空间设计产生和发展的最根本目的和原动力。

现如今，这个世界每时每刻都在发生着变化，科技在飞速发展，人类综合能力有大幅的提升，人们感知宇宙空间的能力也不断增强。随着人们对自身的剖析和认识不断深入，都进一步说明人类控制各种名义下的空间、环境都将变得越来越得心应手，人们由被动地接受客观状态转变为主动地预测和控制未来。本书的撰写就是对环境空间的主动规划与探索，在对环境空间设计进行整体概述之后，对不同种类室内空间环境的空间设计、界面处理、采光与照明设计以及生态化、智能化、人性化设计进行了探究，也对不同类型景观空间设计的主要方法以及可持续化做了细致的分析，并列举了经典的案例。本书在对现代环境空间设计的研究过程中始终坚持以人为本原则，关注生态与可持续发展，注重情感与技术的辩证统一与环境整体性。

21 世纪的环境空间设计艺术学科更将全面地整合为一门以科学合理为基础，满足人类的知觉心理和生理健康发展的艺术性技术，它将成为一门具有人文精神的生态技术，实现自然价值和人文价值的共融和发展。这一切都是值得我们所努力和期待的。

谷芳

2017 年 9 月

目　　录

第一章 绪 论

第一节 环境与空间的内涵剖析

一、环境的内涵剖析

“环境（environment）”是一个在日常生活中经常使用的名词，近年来，这一名词的出现频率越来越高，经常见诸各类报章杂志。

（一）环境的概念

“环境”，一般意义上被解释为围绕着某种“物体”，并对该“物体”产生影响的外界事物。这个“物体”可能是人，也可能是物。环境（外界事物）对人与物会产生一定影响，同时，人与物也会反作用于环境（外界事物），因此，它们是一个相互作用的关系。环境的概念可以从地理学、生态学、社会学等不同角度得到不同解释，而行为学的环境是指人类赖以生存的、从事生产和生活的外部客观世界。正确而深刻地理解环境，对于今后的具体设计有深远的意义。

（二）环境的类型分析

由于环境是一个极其宽泛的概念，为了研究的方便，这里我们对与设计领域相关的环境进行了分类，简述如下。

1. 按与自然的关系来划分环境

按照与自然的关系可以把环境分成三个部分，即自然环境、半自然环境和人工环境。

自然环境主要指原始状态的自然界，如原始森林、自然保护区和各种自然风景区等，它们基本上没有受到人类开发的影响，仍然保持着原有的生态环境。

半自然环境主要指乡村和公园等，它们既保留了自然的特色，但同时又有较强的人工痕迹，介于自然环境与人工环境之间。

人工环境主要指城市、社区、街坊、道路、建筑物、构筑物等，它们基本上都是由人建造的，是人们生活、工作的主要场所。

2. 按环境的组成元素来划分环境

按照环境大系统的组成元素来看，可以把环境分成三个部分，即硬件部分、弹性部分和隐性部分。

硬件部分：包括建筑物、道路、广场、城市等可见部分。

弹性部分：包括阳光、空气、水、土地、绿化等。

隐性部分：包括人、人群、社会、经济、美学等。

在目前的环境设计中，人们往往比较重视硬件部分的处理，但却经常忽视对弹性部分的保护，亦忘却了隐性部分所起的作用。这种现象应引起当今从业设计师的高度重视。

二、空间的内涵剖析

“空间（space）”是一个涉及面非常广的名词。在哲学上，“空间”与“时间”一起构成运动着的物质存在的两种基本形式。空间指物质存在的广延性，时间指物质运动过程的持续性和顺序性。空间和时间具有客观性，与运动着的物质不可分割。空间与时间相互联系，既没有脱离物质运动的空间和时间，也没有不在空间和时间中运动的物质。就宇宙而言，空间无边无际，时间无始无终，对于各个具体事物而言，则空间和时间都是有限的①。

（一）空间的多义性

人们在日常生活中经常使用“空间”一词，并一向懂得用它来指明什么。然而，一旦深究起来，人们又会发现这个最普遍词语的概念其实十分陌生遥远，这种陌生感来源于空间概念的多义性，空间的多义使我们很难用一种语言或一种定义对它做出全面的具有普遍性的明确定义。

最初，人类的空间经验来自于人类活动中的“定位”需要，随着这种直接经验的积累和丰富，人类才逐渐形成了多样的空间概念。可以说，空间的概念是伴随着人类的生活实践产生的，是从众多的对空间的认识和空间的属性中抽出特定的属性概括而来的，是一种能够反映空间独有性质的思维方式。空间经验是多种多样的，概括起来大致有三种：一是任何事物存在，一定意味着它在什么地方，这是所谓位置、地方、处所经验；二是有“空”这种形态，这是所谓虚空经验；三是任何物体都有大小和形状之别，有长、宽、高的不同，这是所谓广延经验。空间从来就不是空洞的，它往往蕴含着某种意义，传达着特定的信息。当代生活中常说的生活空间、公共空间、共享空间、精神空间、政治空间、女性空间等，都有明确的指代和含义。

（二）空间的种类

空间的多义性决定了空间的种类也是多样的，依据不同的原则可以将其划分为不同的类型，这里择其主要的类型进行介绍。

1. 按层次关系划分

按照不同空间的层次关系，可以把空间分为自然空间、城市空间、建筑空间三类。

自然空间：主要包括旷野、风景区、公园等。

城市空间：主要包括城市广场、街道空间、绿地空间、滨河空间等。

建筑空间：主要包括庭院空间、室内空间等。

---

① 辞海编辑委员会．辞海：1999年版［M］．上海：上海辞书出版社，2001.

2. 按内外关系划分

根据内外关系，可以把空间分成室外空间和室内空间两大类，这是最基本的两种空间类型。

一般而言，室内空间是人们生活、休息、工作的主要场所，是营造建筑物的首要目的，当然室外空间也很重要，有时其重要性不亚于室内空间。总之，无论是室内空间还是室外空间，它们都是设计师的主要工作内容。

3. 其他分类

事实上，空间还有其他各种分类方式，例如根据使用功能的不同，可以把空间分为静态空间和动态空间。前者主要用于进行比较安静的活动，例如工作、学习、休息，后者则主要用于进行比较嘈杂的活动，例如娱乐、交通活动等。

根据人的活动内容，可以把空间分为休息空间、交通空间、工作空间、学习空间、娱乐空间、交往空间、纪念空间……，每类空间都有各自的设计要求与特点，需要在设计中予以特别注意。

根据空间的大小，可以把空间分为大空间和小空间。前者的规模较大，可以容纳较多的人流，常常给人以气势宏伟之感，而后者的规模较小，常常给人以亲切之感。根据空间围合情况的不同，又可以分为开敞空间和封闭空间等。

（三）中西方空间概念的不同内涵分析

1. 中国空间概念的内涵特征

（1）哲学空间概念

中国古代哲学的内涵丰富、流派众多，主要由儒、释、道三者的统一和互补组合而成，纵览各个流派的哲学思想，会发现它们在空间意识方面有许多相似之处，尽管它们所使用的哲学语言各不相同，但其核心具有一致性，也就是："空间是两种对立力量（阴阳、有无、色空）和谐而又动态地共存的统一体，它们相互依存、相互作用、相互促进与相互转化。"正是这种独特的空间意识，使中国的空间概念不是一种"处于物质元素之间的空隙"，而是一种"位于更高层次的关于宇宙、自然界、社会与人生的意念"。这种哲学思想深刻影响着古代中国人的生活方式、审美意识和艺术表现。

古人关于建筑现象的思考、论述可散见于历代典籍及文学作品。它们以一种不同教化的方式渗透在中国人建筑观念的潜意识之中，并对国外产生了深远的影响。《易经》成书于殷周时代，是中国最重要的哲学典籍。殷周的哲学家在《易经》中把"变"看作宇宙的普遍规律。他们依据自然的日光向背、昼夜更替等客观规律建立了"一阴一阳谓之道"的阴阳学说，认为世上万物皆来源于变化，而变化是对立的阴阳两极相互作用的结果，同时也正是这种变化，使对立的阴阳两极共存于相互作用、相互转化的统一体。

（2）建筑空间概念

"埏埴以为器，当其无有器之用，凿户牖以为室，当其无有室之用，是故有之以为利，无之以为用。"这是两千五百年前，老子关于建筑空间的极富东方哲学思辨精神的精辟论断。它的大意是说，用陶泥制作的器皿，由于其中"空"的部分才使得器皿具有使用的价值；开凿门窗建造房子，同样由于房间中"空"的部分才使得房间具有使用的价值；实体所具有的使用价值是通过其中虚空的部分得以实现的。从建筑的角度来解释这段话就是，房屋的门窗墙垣是实体，由房屋的门窗墙垣所限定出来的是空间，实体为“有”，空间为“无”。“有形”的实体使；“无形”的空间成为有形，离开了围护物，空间就成为概念中的“空间”，不可被感知：“无形”的空间赋予“有形”的围护物以实际的意义，没有空间的存在，围护物也就失去了存在的价值。建筑实体与建筑空间是相依相生的关系。老子对建筑本质的精辟揭示，正如对其推崇备至的赖特所言：“房屋的实在不是四片墙和屋顶，而在其内部居住的空间。”

在中国，真正意识到“空间”对于建筑的重要性，将“空间”作为建筑的一个基本要素来看待的，是20世纪初的宗白华先生。早在20世纪20年代，他就提出了空间是建筑艺术的首要品质，并从空间这一视角把“建筑”定义为：“建筑为自由空间中隔出若干小空间又联络若干小空间而成一大空间之艺术。”他认为，“建筑和园林的艺术处理，是处理空间的艺术”，空间的深层意义在于表达“生命的节奏”①。宗白华先生对空间意义的论述继承了中国古典哲学“天人合一”的精神内核，本质上有别于西方现代建筑对空间几何形体和实用功能的强调：前者是将空间与作为主体的人和作为客体对象的自然发生关系，后者是将空间与科学和技术建立联系，二者差别很大。

2. 西方空间概念的特征

（1）西方科学空间概念

事实上，早在古希腊时期，西方哲学家就已经对空间进行了探索和研究，并提出了许多理论。例如亚里士多德曾提出，“空间是一切场所的总和，具有方向和质的特性的力动场所（field）”。但真正为后世的空间概念奠定基础的还当属数学家欧几里得。他把“空间”定义为：“无限、等质，并为世界的基本次元之一。”欧几里德这一定义的影响在很长时间里使人们对空间的认识和理解主要局限于该范围，并认为空间的属性也理所当然是如此。

17世纪英国科学家牛顿提出了“绝对空间”和“绝对时间”的概念，认为空间与时间是相对独立而存在的。现代物理学家爱因斯坦建立了“狭义”相对论理论，揭示了物质与运动、空间与时间的统一性。他认为空间与时间之间是相对的，而不是绝对的。在长度、宽度和高度之外，他又增加了一个第四维空间，即“时间”，并把这四维综合起来，称之为“时空连续统一体”。

（2）西方建筑空间概念

纵览古今，我们发现人类从未停止过创造空间的活动，但空间开始被认识却只是一百多年前的事，在这之前人们并未认识到建筑与空间直接隐藏的关联。自19世纪开始，德国的美学家开始将“空间”作为术语运用在现代建筑上。黑格尔曾指出：“空间围合的重要性是建筑作为一种艺术的目的。”也有美学家从审美感知切入，探讨了空间之于建筑的审美的重要性，他们认为“在建筑作品中刺激审美感知的是‘空间’”。受哲学界和美学界长期的探讨影响，“空间”一词逐步进化为相对独立的含义明确的建筑术语。到了20世纪，一批思想进步、勇于创新的建筑大师用他们的作品又进一步推动了建筑空间的发展，人们对建筑空间的感受更加具体真实，各种建筑空间的概念也相应井喷式地涌现。

① 宗白华．中国文化的美丽精神［M］．武汉：长江文艺出版社，2015：183.

瑞士艺术史学家西格弗里德·吉迪安（Stgfried Giedion）在其著作《空间、时间与建筑》（Space，Time and Architecture）一书中提出了历史上存在的三种主要空间观念。第一种是以古埃及、苏美尔及古希腊时代为主的由墙体、柱体围合而成的空间，当时的建筑物偏重于追求外观效果，对空间形态重视不够；第二种是从古罗马开始一直到近代的空间观念，这个时期人们追求的是在顶盖之下的室内空间，建造理想的内部空间成为建筑物的最高目标；第三种空间观念则从20世纪初开始，随着物理学的时空观的革命，建筑学上强调单一视点的透视空间被逐渐淡化，取而代之的是强调四维空间的观念，空间效果更加活泼多变。

意大利学者布鲁诺·赛维（Bruno Zevi）在其著作《建筑空间论》（Architecture as Space）中运用“时间—空间”的观点考察了建筑历史，他批评用绘画、雕塑等艺术的评价方法来品评建筑的现象，强调空间是建筑的主角。赛维在对绘画空间、雕塑空间和建筑空间分析的基础上，给“建筑空间”的概念下了这样的定义：“空间—空的部分—应当是建筑的‘主角’。”在各种艺术中，唯有建筑能赋予空间以完全的价值。

20世纪中叶，以海德格尔（Martin Heidegger）的存在主义现象学为基础，并依赖心理学、建筑学等方面的研究成果，诺伯格·舒尔茨（Norberg Schulz）在建筑空间研究方面首次将“存在空间”概念引入到建筑空间的研究中。他认为，所谓“存在空间”，就是比较稳定的知觉图式体系，亦即环境的“意象”；建筑空间，可以说就是把存在空间具体化。二者的关系是，存在空间是构成人在世界内存在的心理结构之一，而建筑空间则是它的心理对应。

现代建筑发展到20世纪60年代，由于某些现代主义的思想遭到质疑和挑战，后现代建筑理论和实践的出现，对建筑空间的探索和研究又出现了变化。查尔斯·詹克斯（Charles Jencks）将这种空间上的变化称为“后现代空间”，认为后现代空间有历史特定性并根植于习俗，在界域上是模糊不清的、非理性的，或者说由局部到整体是一种过渡关系。总体来看，20世纪西方建筑空间概念的发展归根到底都集中于建筑的空间与形式的创造。

从前述中不难看出，环境空间设计的涵盖范围非常之大，它伴随着人类的出现而出现，伴随着人类对自然、社会及人类本身认识的逐步提高而发展，它几乎涉及人类生活的各个领域。从专业而言，环境空间设计涉及城市规划（urban planning）、景观设计（landscape architecture）、建筑学（architecture）、室内设计（interior design）、艺术设计（art design）等。从学科而言，环境空间设计涉及城市规划、城市设计、景观规划、园林设计、种植设计、建筑设计、历史建筑改造、室内设计、产品造型设计、家具设计、视觉传达设计、广告设计等，内容非常广泛。本书为突出重点，主要选取了室内外环境设计中经常遇见的内容（室内空间、广场空间、街道空间、庭院空间）作为论述重点，以便更加方便、清晰地介绍环境空间设计的原理与方法。

第二节 环境艺术设计中的人性与空间

人类的空间概念是随着人类文明的发展而变化的。回顾历史，“人性化”空间概念的形成可谓漫长：原始时期的空间主要为简单行为空间；封建时期的空间主要为满足皇权和宗教的神化空间；直到工业时代，也即物质与精神生活水平急速发展的现代，“人性空间”的概念才被提出。空间依附于时代，空间的价值和内容依时代精神的不同而不断变化，今天，空间概念是以人为本的，强调以普通人的需求为中心。这就要求环境空间设计满足现代人的需求，在保证人与环境协调发展的根本前提下，全方位、多层次地考察和把握人与环境的互动关系，最大限度实现人对环境空间的需求。如何体现随时代发展而发展的“人性化”，也就成了环境设计师们努力研究和探索的课题。

一、人性化环境空间设计的表现

人性化的环境设计不仅仅从人的功能需要和舒适度出发，它更深层次地体现在保护生态平衡和自然环境，“绿色设计”“可持续发展”更是现阶段人性化环境设计的重要课题。

（一）人体工程学原理与人性化环境空间设计

环境空间设计不仅是艺术上的创作，它更是科学技术上的创造。因此，环境空间设计是艺术与科学技术结合的产物。随着设计中科学思想的渗入、科学含量的加大，环境艺术设计的方法也逐渐从经验的、感性的阶段上升到系统的、理性的阶段。环境空间设计学科的发展，一方面是建筑技术，包括声、光、热学，建筑材料的研究；另一方面则是“人与设施与环境”关系的研究，即所谓的“人体工程学”（Ergonomics）。

人体工程学的名称很多，包括人类工程学（Human engineering）、人因工程学（Human factors engineering）、人一机系统（Man-machine system）等。从内容上可以分为两大类：设备人体工程学（Equipment ergonomics）和功能人体工程学（Functional ergonomics）。

人体工程学的宗旨是研究人与人造产品之间的协调关系，通过人—机关系的各种因素的分析和研究，寻找最佳的人—机协调数据，为设计提供依据。设计是为人类追求生理和心理需求满足的活动，应该说有两个学科是直接为设计提出人—物关系可靠依据的，即人体工程学和心理学，特别是消费心理学。

人体工程学的目的有以下两个方面：（1）提高人类工作和活动的效率；（2）保证和提高人类追求的某些价值，比如卫生、安全、满足等。人体工程学的接触方式和工作方法是把人类能力、特征、行为、动机的系统方法引入到设计过程中去。

以人体工程学原理为指导的环境空间设计主要考虑以下几方面的设计：（1）确定人与人际在室内、外活动的所需空间；（2）确定家具、设施的形体、尺度和使用范围；（3）确定适应人体的室内、外物理环境的最佳参数；（4）对视觉要素的计测。例如城市空间中随处可见的电动扶梯、舒适的家居布置等。同时也把少数弱势群体列入设计的行列中，盲道、无障碍卫生间、残疾人坡道、老年人专用通道等的设计使整个社会感受到“人性化”的关怀。

（二）未来绿色设计与人性化环境空间设计

人性化和人道主义最深刻、最基本的地方，在于人对自身的超越。仅仅以自身为中心，不顾外在自然资源的承受能力，对天地、对自然巧取豪夺，不是真正的人性化和人道主义。

绿色设计思想的提出，是在20世纪60年代。美国设计理论家维克多·巴巴纳克（Victor Papanek，1923—1998年）于1967年出版了《为真实的世界而设计》（Design for The Real World），积极倡导绿色设计的思想，强调设计应当着重考虑地球的有限资源使用的问题①。

实施绿色设计，仅靠从业者的自觉和国家的投入是不够的，整个社会、整个人类都应有环保、节能的绿色意识，并将之视为自己的责任。这需要人们对“人性化”设计的目标有深刻透彻的理解，需要社会大力倡导“绿色设计”和“可持续发展”原则，唯有这些先进的现代设计理念为更多的人所接受，绿色设计的推广和实施才能得以实现。

绿色设计的实施主要从以下几方面考虑：（1）城市规划：关注开发和建筑的选址与环境规划；（2）建筑类型：大跨度、高层、中高层、低层等；（3）建筑材料：使用可再生和无毒材料，限制施工污染；（4）能源产生：使用可再生能源并且能节约和产生能源；（5）光和空气：使用被动式照明和通风系统；（6）水的处理：节约和利用水资源，污水回收利用；（7）绿色植物：使用绿化景观设计，种植常绿植物。

除此之外，设计师还应做到因地制宜，即每次设计都要做到有针对性地设计，每次设计之前都应充分了解当地的自然与文化背景，对当地的气候条件、自然资源的可利用程度做到心中有数，其目的是做到设计与环境、美学、经济、社会、生态的有机融合。这才是全新的人性化的绿色设计。

综上所述，人性化设计是以人为中心，注意提升人的价值，尊重人的自然需要和社会需要的动态设计哲学。人性化设计和可持续发展原则、生态设计有密切的联系，它以“为人类的利益设计”为宗旨，它要求我们必须以自然界作为整个设计的出发点，全面、长远地考虑人与自然、人与社会的关系，只有如此才能真正体现设计“以人为本”的宗旨。这也正是环境空间设计所必须遵循的原则和宗旨。

二、人性空间的要素——行为与心理

在以往的设计中，“建筑决定论”长期占主导地位，人们过分强调建筑本身而忽略了作为主体的人的需求。“人为空间”是人的创造，它更多地应该为人的生活服务，我们现在所研究的环境空间，一旦脱离了人便毫无意义。只有不断研究和掌握人类的行为和心理特征，依据人最真实的生理和心理需求进行空间构思，才能创造出真正意义上的人性化空间，才能满足人的高级的情感和社会需要。

（一）领域意识与人际距离

人类同动物一样，都有为了自我生存和发展而维护和拓展自我生存空间的领域性行为。这种领域性行为在物种生存中具有普遍性。一般认为，领域（territory）是可见的、相对固定的并且有明显界限的区域，它多以居住地为中心，对交往对象有一定的限制。人类的领域性可以分为三种：主要领域、次级领域和公共领域。主要领域是指被个体或群体完全拥有和控制，并受使用者和他人共同确认的领域，是使用者生活的中心。次级领域不

---

① 季芳，杜湖湘．艺术设计美学教程［M］．武汉：武汉大学出版社，2015：87.

是使用者生活的中心，使用者对它的控制力相对较弱，没有明确的归属感，如咖啡店、餐厅的座位等。公共领域是指任何人都可以进入、极为临时的领域，人一旦离开就对它失去了控制，如公共汽车上的座位、公园的长椅等。

人类与生俱来的领域意识对环境空间设计中的许多要素都起到了决定性的作用，如空间的尺度、空间分隔与组合等。同时，领域意识也改变着人的行为方式。1959 年美国学者爱德华·霍尔（Edward Hall，1914—2009 年）在美国中产阶级白人人群中进行了调查，得出人在社会交往中的四种距离为：亲密距离、个人距离、社交距离和公众距离。

亲密距离一般在 0～45cm 之间，这时相互间可以感受到对方的辐射热和气味，这种距离的接触只限于最紧密的人之间。

个人距离的范围是在 45cm～1m 之间。人与人出于该距离范围内时，谈话音量适中，可以看到对方面部细微表情，也可避免相互之间不必要的身体接触。

社交距离的范围一般在 1～3.5m 之间。其中 1～2m 通常是人们在社会交往中处理私人事务的距离。比如，银行为了保护客户在输入取款密码时不被他人窥视，就设置了“一米线”。在社交距离中，2～3.5m 通常是商务会谈的距离，因为相互之间除了语言交流，还要有适当的目光接触，否则会被认为是不尊重对方。

公共距离指 3.5～7.5m 或更远的距离，这一距离被认为是公众人物（如演员、政治家、教师）在舞台上与台下观众之间的交流范围。人们可以随意逗留同时也方便离去。

人际交往的四种距离只是大致的划分。在不同的文化背景下，把握人际距离的准则会有所差异，但基本规律是相同的（图 1-1）。

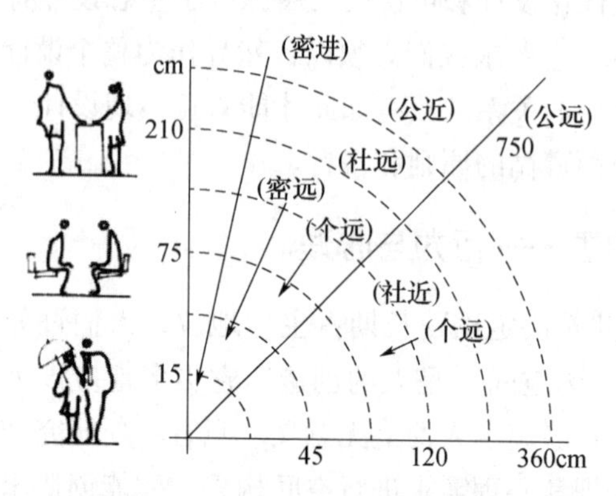

图 1-1　人际距离空间的分类

（二）安全感与依靠感

安全感是人类的本能需求。人往往通过隐蔽自己达到自我保护的目的。例如，在公园或广场中，靠树的座位或围墙后面的空间更受游人的欢迎；等人的时候，我们更愿意站在背靠建筑的地方，而不是建筑正前方的广场上。人愿意去窥视、观察别人，而被公众注视则会感到不安。

人对安全感和依靠感的需要造成了许多公共空间中人群分布不均的现象，墙边、拐角、亭廊、曲径、树林等地方滞留的人较多，了解人的这些行为和心理特征，对我们在进行环境空间设计时规划人群的分布和流向是大有裨益的。

（三）私密性与尽端趋向

私密性是人的基本心理需求，它在心理学上被定义为个人或人群可调整自己的交往空间，可控制自身与他人的关系，保持个人可支配的环境，表达自己与人交往自由的需求，即个人有选择独处与共处的自由。

在注意私密性的同时，还要注意人们“尽端趋向”的心理需要，人们在空间中往往会趋向选择尽端区域，人对私密性的要求越高，对尽端区域的向往就越强。例如，在酒吧、咖啡厅等场所，人们一般都喜欢找尽端的位置坐，而极力避开门口或人流密集的地方。

第三节　可持续发展与现代环境艺术设计理论

在我们世代赖以生存的空间中，再没有什么比环境创造能引起人类更为久远的关注了。在与自然环境协调的基础上，谋求人类社会的可持续发展，将成为今后人类营建活动的基本指导思想。就环境设计发展来看，可持续发展观的导入，其主要目的在于让设计师在进行环境设计时，能将可持续发展的观念纳入具体的工程设计中予以重点考虑，以使其基本原则能贯穿环境设计的整个过程。此外，可持续发展观的导入还带来了环境艺术设计观念和模式的改变，相继不断地有人提出了新的设计理论、方法和实践。

一、可持续发展的战略内涵

“可持续发展”（sustainable development）的概念形成于20世纪80年代后期，1987年在名为《我们共同的未来》（Our Common Future）的联合国文件中被正式提出。尽管关于“可持续发展”概念有诸多不同的解释，但大部分学者都承认《我们共同的未来》一书中的解释，即：“可持续发展是指应该在不牺牲未来几代人需要的情况下，满足我们这代人的需要的发展。这种发展模式是不同于传统发展战略的新模式。”文件进一步指出：“当今世界存在的能源危机、环境危机等都不是孤立发生的，而是由以往的发展模式造成的。要想解决人类面临的各种危机，只有实施可持续发展的战略。”1991年，中国发起召开了“发展中国家环境与发展部长会议”，发表了《北京宣言》。1992年6月，联合国在里约热内卢召开“环境与发展大会”，通过了以可持续发展为核心的《里约环境与发展宣言》《21世纪议程》等文件。随后，中国政府编制了《中国21世纪人口、资源、环境与发展白皮书》，首次把“可持续发展”战略纳入我国经济和社会发展的长远规划。1997年的中共十五大把可持续发展战略确定为我国“现代化建设中必须实施”的战略。2002年中共十六大把“可持续发展能力不断增强，生态环境得到改善，资源利用效率显著提高，促进人和自然的和谐，推动整个社会走上生产发展、生活富裕、生态良好的文明发展道路”作为全面建设小康社会的目标之一。2012年中共十八大又再次强调“大力推进生态文明建设。建设生态文明，是关系人民福祉、关乎民族未来的长远大计。面对资源约束趋紧、环境污染严重、生态系统退化的严峻形势，必须树立尊重自然、顺应自然、保护自然的生态文明理念。把生态文明建设放在突出地位，融入经济建设、政治建设、文化建设、社会建设各方面和全过程，努力建设美丽中国，实现中华民族永续发展。”

具体来说，可持续发展首先强调社会、经济、环境等指标的共同发展，而不单单是经济的发展，强调建立新型的生产和消费方式，尽可能有效地利用可再生资源，改变一贯的靠高消耗和高投入刺激的经济增长模式。其次，可持续发展强调社会、经济进步与环境保护的结合，持续利用可再生资源，实现眼前与长远利益的统一。此外，可持续发展还提倡革新人们的自然观，改变以往认为自然界是可以任意利用的错误观点，学会尊重自然、爱护自然，与自然和谐相处。

在环境空间设计中体现可持续发展原则是崭新的做法，国内外都处在不断探索之中。在发达国家，设计师们总结提出了“3F”和“5R”设计原则。3F 即 Fit for the nature（与环境协调原则）、Fit for the people（“以人为本”原则）、Fit for the time（动态发展原则）。5R 即 revalue（再思考）、renew（更新改造）、reduce（减少各种不良影响）、reuse（再利用）、recycle（循环利用）。

（一）“3F”原则的内涵

Fit for the nature（与环境协调原则），从狭义上讲，强调环境空间与周围自然环境间的整体协调关系；从广义上讲，与环境协调的原则还强调环境空间与地球整体的自然生态环境之间的协调关系。尊重自然、生态优先是可持续设计最基本的内涵，对环境的关注是可持续室内环境设计存在的根基。与环境协调原则是一种环境共生意识的体现，环境空间的营建及运行与社会经济、自然生态、环境保护的统一发展，使环境空间融合到地域的生态平衡系统之中，使人与自然能够自由、健康地协调发展。

Fit for the people（“以人为本”原则），强调人类营造的根本目的是为了满足人类特定的生活环境需要。人的需求是各种各样的，包括生理上的和心理上的，相应地对于环境空间的要求也有功能上的和精神上的，而影响这些需求的因素是十分复杂的。因此，作为与人类关系最为密切，为人类每日起居、生活、工作提供最直接场所的微观环境，环境的品质直接关系到人们的生活质量。可持续环境空间设计在注重环境的同时还应给使用者以足够的关心，认真研究与人的心理特征和人的行为相适应的空间环境特点及其设计手法，以满足人们生理、心理等各方面的需求，符合现代社会文化的多元多价。

Fit for the time（动态发展原则），强调可持续发展概念本是一种动态的思想，因此设计过程也是一个动态变化的过程，没有一个空间是“已经完成的设计”，环境空间始终持续地影响着周围环境和使用者的生活。这种动态思想体现在可持续环境空间设计中，就是设计还应留有足够的发展余地，以适应使用者不断变化的需求，包容未来科技的应用与发展。

（二）“5R”原则的内涵

Revalue 意为“再评价”，引申为“再思考”“再认识”。长期以来，人类已经习惯了对自然的索取，而未曾想到对自然的回报，尤其是工业革命以来，人们更是受工业革命所取得的成果所鼓舞，不惜以牺牲有限的地球资源、破坏地球生态环境为代价，疯狂地进行各种人类活动，从而导致了人类自身生存环境的破坏，直到这种破坏直接威胁到人类的生存，才开始意识到问题的严重性。人们不得不重新审视自已过去的行为，重新评价传统的价值观念。现在的空间设计中，存在一些不良的风气，例如，室内空间装潢互相攀比、盲目跟风、堆砌材料，造成了资源浪费、环境破坏、文化污染。因此，对于新时代的设计师来说，应该自觉地加强环境意识，像对待母亲那样对待孕育我们的地球环境，以可持续发展的思想对空间“再思考”“再认识”，认清方向，重新找到谁确的设计切入点。

Renew 有“更新”“改造”之意。这里主要是指对旧建筑的更新、改造，加以重新利用。有人讽喻前几年的中国是个“巨大的建筑工地”。由于经济的飞速发展，我国的各大城市均掀起了轰轰烈烈的建设高潮，每天都有无数的旧建筑在大地上永远消失，每天都有大量的新建筑拔地而起。这一方面说明了我国经济的发展和人民生活水平的提高，这是积极的一面；但是，透过这种现象，我们也可以看到其消极的一面，这就是在这大规模“拆旧建新”过程中所体现出来的环境意识的淡薄。建筑是个“耗能大户”，拆除旧建筑，意味着必须增加新建筑。新建筑的建造过程，又会产生新的资源和能量消耗，产生新的废弃物，还会占用更多的土地，增加新的环境负担。如果能充分利用现有质量较好的建筑，通过一定程度的改造后加以利用，满足新的需求，将可以大大减少资源和能量的消耗，值得提倡。

Reuse 有“重新使用”“再利用”等含义，在可持续环境空间设计中，是指重新利用一切可以利用的旧材料、构配件、旧设备等。环境空间设计的周期性呈现出越来越短的趋势，特别是在经济发展快速增长、社会生活节奏日益加快、时尚潮流变幻莫测的今天，这一特点就更为突出。环境空间设计的周期性变短造成了资源的极大浪费，而废物利用是防止这种浪费的最佳途径。实际上，从旧的建筑与室内拆除下来的材料，有许多是可以经过简单清理后直接利用的，只要有心，我们可以发掘出很多这样的旧元素。作为设计师，在进行环境空间设计时，首先应该尽量创造条件，使新的设计能够尽可能多地利用旧材料；其次，还应该在新设计的材料和设备选用中充分考虑它们以后被再利用的可能。

Recycle 有“回收利用”“循环利用”之意。这里是指根据生态系统中物质不断循环使用的原理，将建筑中的各种资源尤其是稀有资源、紧缺资源或不能自然降解的物质尽可能地加以回收、循环使用，或者通过某种方式加工提炼后进一步使用。实践证明，物质的循环利用可以节约大量的资源，同时可以大大地减少废物本身对自然环境的污染。建筑建造、使用或拆除过程中可供回收利用的资源十分丰富，如建筑中的废水利用就是一个典型的例子，尤其是在水资源短缺的地区，这一措施更是意义非凡。

Reduce 原意为“减少”“降低”，但可持续设计原则则对其赋予了更多的含义。根据我国 2006 年出台的《绿色建筑评价标准》对“绿色建筑”的定义——“在建筑物的全生命周期中，最大限度地节约资源（节能、节地、节水、节材）、保护环境和减少污染，并能够为人们提供健康、适用和高效的，且与自然和谐共生的建筑”，可持续建筑与环境空间设计主要体现在“减少对资源的消耗、减少对环境的破坏和减少对人的不良影响”三个主要方面。

总之，3F 和 5R 原则对于减少自然环境的破坏，促进全球的可持续发展具有重要的现实意义，应当成为设计师共同遵循的原则。

二、可持续发展观影响下产生的新的设计理论

在可持续发展观被提出的前后几十年中，设计界与建筑界相关领域涌现出了一批知名的专家，他们或以一个研究所或者设计所从事的设计实践，或以一个组织或者专著发表的

观点，影响了一批批相关领域的设计人员，走上可持续设计的道路。

（一）EDI 研究所与《生态设计》

西姆·范·德·莱恩（Sim Van der Ryn）是世界上“生态建筑”的开拓者之一。1968年，西姆联合一些生态学家、工程师、建筑师与开发商一起创办了法拉隆斯研究所（Farallones Institute），1994 年法拉隆斯研究所更名为生态设计研究所（Ecological Design Institute），简称 EDI。EDI 坚持其跨学科的团队合作原则，涉及建筑及其系统设计、用地规划以及居住区规划，力图将设计与生态紧密结合，采用最新的技术、程序和方式，努力减少废弃物和污染，改善现有的伴有破坏性的建设方式，探索人与环境两者均可健康而持续发展的道路。

1995 年，西姆与 S·考沃（Stuart Cowan）合作完成了《生态设计》（Ecological Design）一书，揭示了以生物界与人类作为设计的基础，阐述如何运用生态学原理求解其共生融洽的方法和途径。《生态设计》一书的出版被誉为建筑学、景观学、城市学、技术学等方面的一次革命性的尝试。该书提出了五点生态设计方法和原则。

第一原则：设计结果应来自环境自身（solutions grow from place）。设计应当从了解基地环境开始，认识“这里的环境允许我们做些什么”，并以此为依据，提出了为基地而设计的概念。

第二原则：评价设计的标准——生态开支（ecological acounting）。对设计进行评估，来确定其对环境的影响，以此来确定生态设计的可行性。

第三原则：设计结合自然，通过与自然结合，在满足我们自身的基础上，同时也满足其他生物及其环境的需求，使得整个生态系统良性循环。

第四原则：公众参与设计。生态设计的开放性还表现在公众的积极参与，“每个人都是设计者”。

第五原则：为自然增辉，重点强调了生态设计的又一作用。

（二）阿瓦尼原则

l991 年秋，美国的非营利组织地方政府委员会（Local Government Commission）在加利福尼亚著名的姚赛米国家公园内的阿瓦尼饭店举办了一个会议，组织一批著名的新社区建筑师来综合归纳当时城镇规划的新想法和新趋势，会议期间发布了一份文件，事后该文件被称为“阿瓦尼原则”。该原则内容如下：

（1）所有社区均需综合设施，必须包含住宅、商店、学校、公园、公共设施和活动场所。

（2）将尽可能多的设施安排在可以轻松步行抵达的范围之内。

（3）将尽可能多的设施和活动场所布置在公交车站、停车场附近，以方便步行抵达。

（4）使各种经济水平与不同年龄的人群居住在同一社区，即提供不同类型的住宅。

（5）应在社区内创造供社区居民可愉快从事劳动的工作场所。

（6）新建社区的场所和性格必须与包括社区在内的更大范围的交通网络取得协调。

（7）社区必须保持有使商业活动、市民服务、文化活动、旅游活动能集中进行的场地。

（8）社区必须保持有相当的面积用于广场、绿化带、公园等特定用途的开放空间。

（9）应将公共空间设计成无论昼夜都能引起居民使用兴趣的场所。

（10）各社区应保持绿色农业和野生生物的生态域的明确范围，并不应用作开发对象。

（11）社区内的街道、步道、车道等各种道路，应作为整体形成网络，且必须形成能提供趣味的道路系统。

（12）社区建设之前存在的天然地形、排水、植被等应首先作为社区内的公园或绿地，尽可能保持原有的自然形态。

（13）通过利用自然排水、干硬地质的特征，所有社区均需保证水的有效利用。

（14）为了营造节约能源的社区，应充分考虑街道的方向性、房屋的配置和日荫的利用。

（三）杨经文与绿色建筑理论

马来西亚建筑师杨经文（Ken Yeang），在他的著作《设计结合自然：建筑设计的生态学基础》中，对绿色建筑的理论探讨做出了有意义的尝试，并试图建立一个统一的理论基础和设计参照框架。

杨经文认为传统的建筑学没有把建筑看作是生命循环的有机部分，没有从生态系统的角度来研究建筑学科的发展。而生态建筑学要求建筑师和设计者有足够的生态学和环境生物学方面的知识，研究和设计应当与生态学相结合。在此基础上，杨经文对建成环境中外部生态的相互依存关系、内部生态的相互依存关系、外部——内部生态的相互依存关系、内部——外部生态的相互依存关系等四个方面进行了分析和阐述，提出生态设计必须从以下四个方面来考虑对于环境的影响：

（1）能量和材料由内及外的相互交换，或者讲生态设计系统生存周期内输入物资所产生的影响。

（2）能量和材料由外及内的相互交换，或者讲生态设计系统生存周期内输出物资所产生的影响。

（3）系统内部的相互关系，或者讲生态设计系统生存周期内其自身活动及其用户所产生的影响。

（4）系统外部的相互关系，或者讲生态设计系统的地理位置及其环境对其产生的影响，它们为被设计系统提供了文脉关系。

杨经文在其理论研究上也进行了许多设计实践，其中，1992 年建成的马来西亚 IBM 总部较为完整地体现了他的设计思想。

（四）吴良镛与 21 世纪建筑发展的五项原则

清华大学吴良镛教授总结了建筑学发展的历史经验与问题，提出了新世纪建筑的五项基本原则：

（1）正视生态的困境，加强生态意识。

（2）人居环境建设与经济发展良性互动。当今，城乡建设速度之快、规模之大、尺度之大、耗资之巨、涉及面之广等已远非生产力低下时期所能及，建筑已成为重大的经济活动。

（3）正视科学技术的发展，推动经济发展和社会繁荣。

（4）关怀最广大的人民群众，重视社会发展的整体利益。

（5）在上述前提下，进一步推动文化和艺术的发展。

以上五点，亦即新世纪建筑事业发展的五项原则。吴教授认为，发展是“集科学、经济、社会和文化，即社会活动的一切方面的因素于一体的完整的现象”，是“人类生存质量及自然的人文环境的全面优化”，而建筑事业和建筑学发展，则应作为实施这项伟大任务的积极力量。

（五）麦克哈格与《设计结合自然》

全球环境危机和绿色运动的兴起使得建筑学领域受到很大的冲击，有些建筑师已经意识到环境对于建筑的重要性，并开始致力于这方面的研究工作。L. 麦克哈格（Ian L. McHarg）就是他们中的一位。

《设计结合自然》（Design with Nature）一书出版于1969年，是麦克哈格的成名之作。麦克哈格写作的目的在于“通过对设计结合自然的调查研究，包括自然在人类世界的位置，探索一条观察问题的途径和一种分析方法，为自然中的人作一简单的规划。”该书提出的一系列的观点和方法，对绿色建筑学的产生与发展起到深远的影响。

（1）用生态学的观点，从宏观方面研究自然、环境和人的关系，阐明了在工业、交通等技术高度发展的过程中，违抗自然及对其掠夺性的开发给人类带来的灾难，提出如何适应自然的特征，创造人的生态环境的可能性与必要性。

（2）阐明了自然演进过程，总结了人类社会在不同的历史背景下对待自然的不同态度，应用生态学等理论，证明了人对自然的依存关系，批判了以人为中心的思想。

（3）提出“适应”的原则。作者指出大自然中生命与非生命的物质形式是适应的结果，城市和建筑等人造的形式的评价与创造，应以“适应”为标准。

第二章　环境空间设计的原理

第一节　空间的特性分析

空间最基本的特性包括：空间体验的现场性、空间的时间与顺序性、空间的方向性、空间的可变性、空间的公共与私密性、空间的识别性等方面，接下来我们分别加以讨论。

一、空间体验的现场性

体验对于空间的意义尤为重要。所谓体验，即“以身体之，以心验之”。空间体验行为绝大多数既是主体内部心理活动的结果，也是外部空间环境刺激的反应，二者是统一过程的两个不同环节或方面，不是截然分开的[①]。因此，空间体验有其个性的一方面，即主观性、开放性、自主性；同时，空间体验也有其共同性、客观性的一面——如集体表象、文脉等[②]——潜意识地映射着历史上典型的生活图景。从空间意义的生成与审美价值取向来看，空间体验既是一种历史场所的深渊型回忆，也是对聚居生活的一种理性认识；既是一种空间审美价值实现的途径，也是一种空间意义与场所精神的“审美升华”，即填补创作主体与空间使用者之间的空白[③]。

空间体验的对象是空间及其结构关系，而非建筑形体。这是因为空间是建筑学区别于其他艺术形式的本质特征，“建筑学上迈出的每一步，都是基于对各种能够产生空间发现思想的欢迎与支持”[④]。

关于空间和体验的关系，拉斯姆森（S. E. Rasmussen）在他的《建筑体验》中曾说到：体验对于建筑非常重要。他认为，建筑的外部特征成为把感情及态度从一人传递给他人的手段。因为所有好的建筑的目的是创造一个完整的整体，所以只看建筑物及其细部是不够的，必须去体验城市建筑。人们必须去观察建筑是如何为特殊目的而设计的，建筑又是如何与某个时代的观念和韵律一致[⑤]。由此可见，体验，尤其是现场体验对于空间的重要性。

此外，从另一个层面来讲，建筑空间作品不像绘画、雕塑等艺术品，可以比较容易地进行搬运和展览。无论一个建筑空间作品所处的位置多么偏远，如果想要真的深入了解和学习它，都需要我们花费时间和精力亲临现场才能够实现。尽管当今科学技术已经可以将

---

① ［美］阿德莱德·布赖．陈维正，龙葵译．行为心理学入门［M］．成都：四川人民出版社，1987：2.

② ［苏］E. 瓦西留克．黄明等译．体验心理学［M］．北京：中国人民大学出版社，1989：25.

③ 陆邵明．建筑体验：空间中的情节［M］．北京：中国建筑工业出版社，2007：8.

④ 陆邵明．建筑体验：空间中的情节［M］．北京：中国建筑工业出版社，2007：10.

⑤ ［丹麦］S. E. 拉斯姆森．刘亚芬译．建筑体验［M］．北京：知识产权出版社，2003：79-81.

大体量建筑整体搬移并高质量复原，但这样做需要付出极为高昂的代价，而且由于空间作品总是与其周边的环境有着千丝万缕的联系，使得它在被搬运和移动之后，就会与原有的场地和环境关系发生变化，而这种变化会在很大程度上影响空间之所以存在的基础。

总之，只有当人们亲历空间现场时，才能最大限度地获得对于空间真实尺度的感受和包括视觉、听觉、触觉在内的全方位的感觉体验，这也是空间艺术不同于其他艺术的特殊魅力所在。

二、空间的可变性

空间的可变性主要源于人们对空间不断变化的内在需求。随着时间的推移，人们对于空间使用的方式和对环境的期望更是会不断地发生变化，有些变化甚至是十分剧烈的。

空间构成的基本要素众多，其中任何一个要素发生显著变化都会引发空间整个状态和人们对空间感受的相应变化。例如，当对空间的围合实体进行旋转、推移时，原有的空间会因边界的变化而发生颠覆性的变化。空间的可变性既可以满足在不同情况下对空间进行多种分隔使用的要求，也可以使得同一空间在不同的状态下完成开放与封闭之间的灵活转换。

日本建筑师坂茂（Shigeru Ban）在他曾经搭建的一座乡间住宅中，就是通过四个可移动的和式空间单元满足了一个五口之家对于“既可以找到属于自己的不同的活动空间，又能随时感受到大家庭的氛围”的貌似相互矛盾的居住要求（图 2-1）。中国香港设计师张智强设计的“手提箱”住宅在空间可变性方面的尝试也给人以很多启发，该作品通过可开启的地板、推拉隔断、升降楼梯等一系列手段拓展了可变空间的各种潜力（图 2-2）。

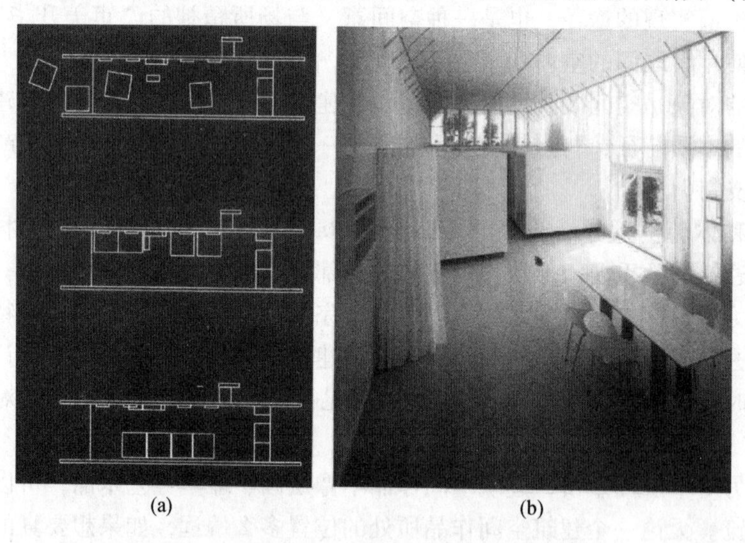
(a)　　(b)

图 2-1　可移动的空间单元设计（坂茂/ Shigeru Ban）

另外，空间中的光不仅能满足人们视觉功能的需要，它还是一个重要的美学因素，光的改变形成空间、改变空间或者破坏空间，光直接影响到人对物体大小、形状、质地和色彩的感知①，是形成多变空间感受的简便易行的调节方式。在相对封闭的空间中，人工光

① 孙皓．公共空间设计［M］．武汉：武汉大学出版社，2011：133.

对于空间性格和氛围的塑造具有决定性的作用。例如图 2-3 中，不同的照明方式和不同色彩的人工光的运用可以使得同一个空间呈现出或明朗或阴郁、或温馨或冷酷等截然不同的空间性格，而所有需要做的只是调节一下开关旋钮那么简单。

图 2-2 “手提箱”住宅，“长城脚下的公社”（张智强/Gary Chang）

图 2-3 光的变化带来不同的空间感受

三、空间的识别性

在生活中，我们讨厌千篇一律，然而我们的生活中有很多空间看起来恰恰如此。比如苏联著名的喜剧电影《命运的捉弄》就是以早期工业化体系下建成的标准化的社区和住宅为背景而拍摄的。影片描述了一个人因为醉酒而糊里糊涂地坐上了飞往另一个城市的飞机。但令人惊异的是，主人公在错误的城市中居然找到了名称和形象都和原来所在城市完全相同的街道、住宅楼和房间，甚至连房间钥匙都是通用的，以至于主人公开门进入房间后仍然浑然不觉，倒头便睡，最终闹出了一系列令人捧腹的笑话。当然电影作为艺术创作其表现的手段比较夸张，但却也很好地说明了空间如果丧失特色、缺乏可识别性将会给人们的生活带来怎样的烦恼和困惑。

空间的可识别性有帮助人们对空间方位进行辨认这一实用性的作用。美国著名城市规划专家凯文·林奇（Kevin Lynch）在《城市意象》一书中总结出对空间进行定位与识别的几个重要的元素，其中包括：节点、路径、标志、边界和区域。这一结论不仅适用于大尺度的城市空间，对于比较复杂的建筑综合体的内部空间同样适用。人们身处空间形象缺乏差异性的大型建筑体的走廊中时，往往很容易迷失方向。尽管有着大量的路牌和平面指引系统，人们仍然难以找到想要去的地方。然而，一些具有特别形象特征的中庭空间往往会给人们留下较为深刻的印象，并且成为辨认方位的基点。这是因为在辨认空间方位时，人们本能地首先凭借的是对空间的印象和记忆，其次才是借助路牌和标志系统的帮助。

空间的可识别性还对增加空间特色、提升环境品质有很大的帮助。空间的一个功能是营造一种符合我们的身份并便于我们行事的环境，而这并不是设计师和建筑师能完成的，这需要行为者自己完成。从这个意义上来看，我们可以说空间实际上是人们行为举止的外在延伸。我们无时无刻不在通过将场所个性化来增强我们专有的场所或至少是与我们有关的场所的可识别性。当四下信步之时，我们不难发现人们表达他们自身新方式的行为，虽说现代房地产商提供给人们的都是些平庸的建筑。

正如英国布莱恩·劳森（Bryan Lawson）在其著名理论著作《空间的语言》一书中指出的那样："我们的心理中起作用的最基本的力量之一，是创造和保持我们的可识别性的需求。"① 空间的可识别性，本质上是不同价值观的表达。

四、空间的时间性和顺序性

空间的时间性首先表现在空间本身具体的时间经历上。如建筑中的空间有着其自身生成、持续、衰败的寿命周期。一天的光影变化、一年的四季变化也会在建筑空间本身留下痕迹与烙印。这种时间在空间上留下的痕迹也是建筑空间本身对于这些变化的反应，从而使得建筑空间在时间的维度上得以变化，这同时又使得建筑空间具有了历史意义。

空间本身经历的时间特性不是为建筑艺术本身所独有，雕塑艺术在这方面有着与建筑相同的时间特征。但空间作为建筑这种立体空间艺术门类的基础性语言，必然有着其自身的特殊性——时间序列（即顺序性特征），使得它可以与雕塑这些类似的立体的或空间的造型艺术区别开来。

空间的顺序性主要体现在对于空间序列的设计上。空间序列的设计一直以来都是空间设计的重要内容，从古代埃及金字塔建筑组群到中国紫禁城（图2-4），以及在城市与园林空间中，这些空间的序列往往依次因人的行进途径展开，并在人的行进中产生空间体验。建筑、园林、城市等空间的设计主题也在这空间的时间序列展开中被逐次呈现出

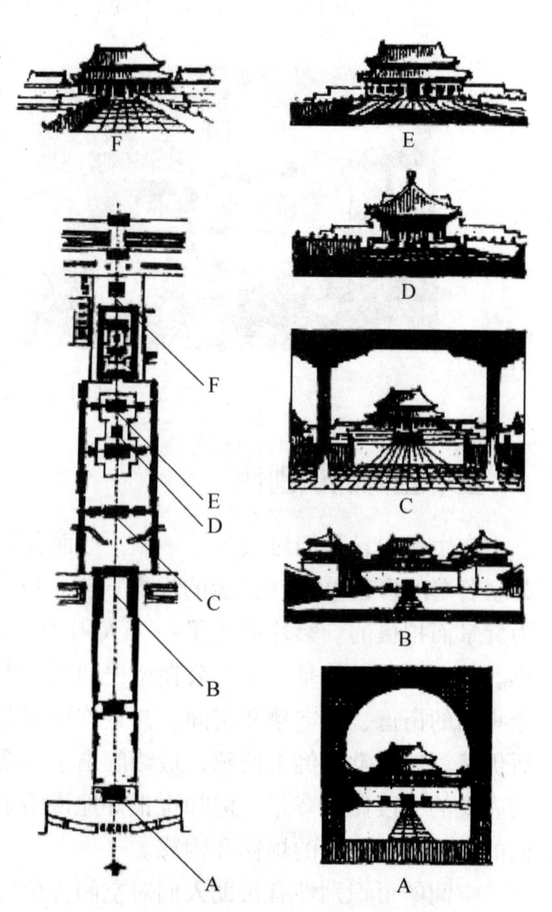

图2-4　紫禁城中轴线的空间序列

A. 天安门门洞；B. 午门；C. 太和门；D. 中和殿；E. 保和殿；F. 御花园

① ［英］布莱恩·劳森．杨青娟等译．空间的语言［M］．北京：中国建筑工业出版社，2003：36.

来。空间序列呈现的感知往往被人的行进、停止等活动所影响，在人们停与走之间，在人们的行进速度快慢之间，时间的感受也被相应地收缩与延长，序列的节奏感也会因此而变化。

五、空间的方向性

空间的方向性可以引导人们在空间中的活动，从而强化某种既定的空间目标。另外，空间的方向性还可以帮助人们确定自身于空间中所处的方位，帮助人们加强对于空间的记忆。空间的方向性可能由于多种原因而产生，其中包括：

（1）空间形状所具有的几何方向性。空间几何形状的不同使得空间具有不同的方向性特征。以形状规则的几何体空间为例，平面为正方形的六面体空间，沿其两组平行的边长方向自然形成了两个空间的方向，由于边长相等使得这两个方向的强度是均衡的；平面为长方形的六面体空间虽然同样有着两个相互垂直的方向，但由于两个方向长度的差异使得空间的长度方向成为了空间的主导方向（图2-5）；平面为圆形的柱状空间则包含了沿着半径和圆周的两个基本的空间方向（图2-6）。而当空间的形状不规则时，则可能呈现出多样而复杂的空间方向和空间关系。

(a)

(b)

图2-5　空间形状与空间主导方向

（2）具有吸引力或标志性的构筑物或形象会形成强烈而明确的空间方向性。具有吸引力或标志性的构筑物或形象会直接作用于人们的视觉，形成强烈而明确的视觉焦点，与线性的空间要素相结合，就会形成比较强烈的方向性引导。

（3）人距离空间围合体的远近不同所产生的领域感的变化。人通常会随着距离空间围合体的距离变化而形成领域感的强弱差异，这种微妙的差异就会形成具有方向性的空间感受。

（4）空间实体与开口的位置关系所形成的对视线和行为的阻挡或诱导。空间实体与开口的位置不同同样可以形成空间的方向感。空间围合的实体部分会对人的视线形成阻挡，而开口部分则会形成视线的引导，从而可以提示出人们在空间中活动的路线和方式。

(a)

(b)

图 2-6　圆形空间的空间方向

（5）多空间之间所形成的中心与边缘、线性串联等具有方向性的空间组合。两个或多个空间之间由于相对多样的空间关系会呈现出比较复杂的空间方向感。在集中式和辐射式的空间组合方式中，空间会形成从中心到边缘或从边缘向中心的基本的方向性。而在多个空间形成的线性空间组合中，空间的方向性往往是与空间序列的顺序方向相一致的。

（6）空间外部的环境因素与空间内部的相互关系会对空间形成方向性的引导。空间不是孤立存在的，一个空间除去会与相邻的其他空间产生关联之外，还会与更大范围的周边环境产生联系，其中很重要的一点就是空间与日光的关系。一个在南北方向上完全对称的规则空间在日光的照射下，会产生出完全不对称的空间感受。

六、空间的公共性与私密性

（一）空间的公共性

空间公共性是指物质空间在容纳人与人之间公开的、实在的交往以及促进人们之间精神共同体形成的过程中所体现出来的一种属性。空间公共性的定义直接源自社会生活的公共性，是物质空间在对后者的干预中所表现出来的属性。因此，与诸如体积、围合、尺度、比例之类物质空间固有的性质不同，它是从空间的外部（即社会公共生活）来加以判定的，是空间的一种"镜像"属性，我们只能从人们公共活动的实际状态来判断公共空间对其施加的影响（即空间公共性状况）。由此定义可以进一步引申出以下一些结论：

（1）空间公共性概念指涉物质空间与公共生活之间的关系，公共性本身指涉的不是物而是人的活动，是对人类社会活动状态的一种描述。而空间公共性则指涉物质空间与这种活动之间的关系。因此，讨论空间公共性就不能只局限于某一方面：纯粹物质性的分析不可能抓住公共性的实质；而纯粹社会层面的讨论又会偏离空间本体。

（2）物质空间本身无所谓公共与否，只是当特定的社会生活与物质空间之间发生耦合时，空间的公共性才成为可能；而且，随着所承载的社会活动性质发生改变，空间公共性的状态也会随之改变。例如，苏州拙政园原属私家园林，在空间上它是封闭的，明确地界定出这是一片私人的领域，仅供一部分人观赏；而在今天，仍然是同样的空间格局，它却已经成为城市的公园，任何市民均可凭票游览。

（3）虽然空间的规模、形式和风格等物质属性常被用来表述公共性，但是空间公共性并不与这些物质属性直接相关。私人的庄园、公馆尽管可以占地千顷，豪华气派，尽管可以采用公共建筑常用的形式和风格，但如果仅供家人享乐，则始终是私人的；而数平方米简陋的起居室一旦辟为公共讨论的沙龙则立刻具有了公共性。

（二）空间的私密性

著名心理学家阿尔托曼（Irwin Altman）将“私密性”定义为：对接近自己或自己所在群体的选择性控制。这就是说，私密性不能简单地理解为个人独处的境况。独处是人的需要，而交往也是人的需要，它所强调的是个人或群体相互交往时，对交往方式的选择和控制。所以，私密性是个人或群体有选择地控制自己与他人接近，并决定什么时候、以什么方式、在什么程度上与他人交换信息的需要①。

私密的类型可以细分为以下几种：（1）孤独：指一个人独处不愿受到他人干扰的行为状态；（2）亲密：指几个人亲密相处时也不愿受到他人干扰的行为状态；（3）匿名：反映了个人在人群中不愿出头露面，隐姓埋名的倾向；（4）保留：表示个人对某些事实加以隐瞒或有所保留的倾向。

私密性的作用具体体现在以下几个方面：（1）个人感：能使人具有个人感，可以按照个人的想法来支配自己的环境；（2）表达感情：在他人不在场的情况下，也即独处的情况下，可以充分表达自己的感情：（3）自我评价：不仅可以表达感情，还可以使人得以进行自我评价，闭门自省其身；（4）隔绝干扰：能隔绝外界干扰，同时仍可以使人在需要的时候保持与他人接触。

与私密的类型和私密的作用相对应的是不同的私密层级。切尔梅夫（Serge Chermayeff）和亚历山大（Christopher Alexander）在《社区与私密性》（Community and Privacy）一书中，将私密性分为三个范围六个层级：（1）都市分为公共的和半公共的，公共的属于社会共有，如道路、广场和公园等；半公共的是指在政府或其他机构控制下的公共使用场所，如市政公共部门、学校、医院等。（2）团体分为公共的和私有的，公共的是指为公共服务的设施，属于特定的团体或个人，如邮件投递站、公共救火器材等；私有的属于社区级共用的设施和场所，如社区中心、游戏场等。（3）家庭分为公共的和个人私有的，家庭公共活动的地方如起居室、餐厅、卫生间等，个人私有的如个人支配的居住房间等②。

美国著名建筑与人类学家阿摩斯·拉普卜特（Amos Rapoport）曾经对穆斯林、英国和北美三种文化中的住宅私密性问题进行过研究，他认为住宅的私密性与外部环境的公共性之间存在着一道既实际又具有象征意义的界限。通过这道界限，不难发现由于文化的不同，三个地区对住宅的私密性要求也是大不相同的。穆斯林的住宅，在基地外围采用高墙

---

① 林玉莲、胡正凡．环境心理学．北京：中国建筑工业出版社，2000：111-112.

② 刘先觉．现代建筑理论［M］．北京：中国建筑工业出版社，1999：283.

围合，被围合的区域内部为私有领域，私密性程度最高；英国人的住宅，在基地外围用低篱围合，被围合的区域内部大部分为私有领域，私密性程度一般；北美人的住宅，在基地外围用开敞式，外来者只要不擅自闯入住宅或后院即可，私密性程度最弱。根据这一研究方法，也可以对其他文化中的住宅私密性问题进行考察和研究。在我国传统住宅建筑中，就有很多用高墙围合的“深宅大院”，不仅如此，在住宅入口处还用“照壁”作为内与外、私密与公共之间的一种空间过渡，真正做到了内外有别。

住宅内部空间的私密性体现在具体的“居住行为”中。居住行为可分为“生理性行为”“家务性行为”“社会性行为”和“文化性行为”四种。在四种行为中，生理性行为对私密性要求较高，而家务性、社会性、文化性行为对私密性要求一般或不高。每一种行为又有各自的具体内容和活动空间。因此，住宅内部空间应为每一位居住者不但要提供一处私密性空间，还要提供一处或多处公共性空间，来满足成人私生活、儿童私生活、家庭共同生活的需要。对于一个家庭领域来说，私密性空间满足了人之独处的需要，公共性空间则满足了家庭成员乃至亲朋好友之间交往的需要（图 2-7）。

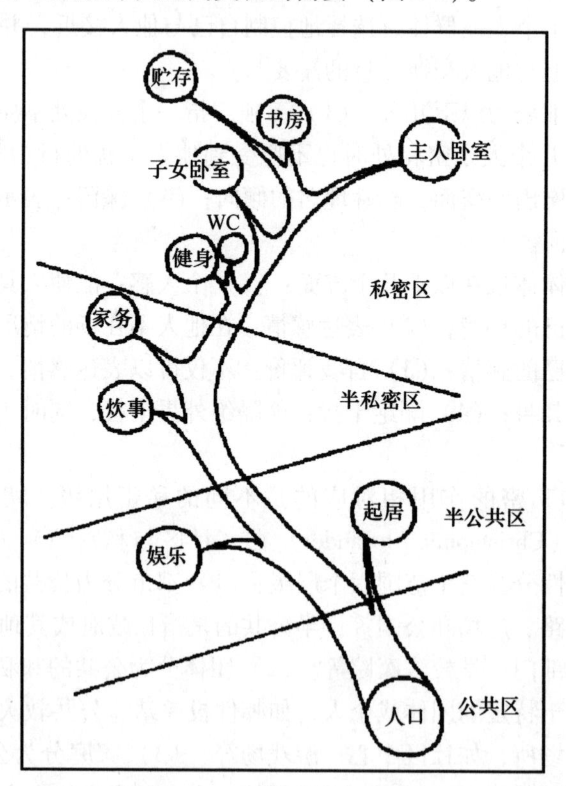

图 2-7　居住空间私密性序列

由以上对空间公共性与私密性的分析中，我们可以看出，空间的公共性与私密性是相对的，不是绝对的。在现实当中，大多数空间兼具公共性与私密性的属性，我们可以根据人们对空间的领域感和认同感的强弱程度划分空间公共性的等级。很多成功的设计案例就是根据人们的行为心理，在城市的公共空间到个人住宅的私密空间之间设置了多层次不同等级的公共和半公共空间，从而很好地调节了空间的尺度关系和人们对空间归属感及领域感的心理预期。

第二节　空间的形态要素

在现实生活中我们看到的任何物体都有其形态，这些形态又都是用不同层次的要素组合而成的。对形态要素的研究认为，如果抹掉形态要素的物质和非物质特性，只是把它作为纯粹的、抽象的，但又是基本的造型要素，探讨其视觉特性以及视觉心理感受方面的影响等，就可以把形态要素分为这样几个层次："基本要素""限定要素" 和 "基本形"。三者的关系是，基本要素是限定要素和基本形的前提和基础；限定要素是在基本要素的基础上发展而来的，是构成形态不可或缺的要素；基本形也离不开基本要素，由于任何复杂的形态都可以分解为简单的基本形，所以常把它直接作为基本单元来构成形态（图 2-8）。

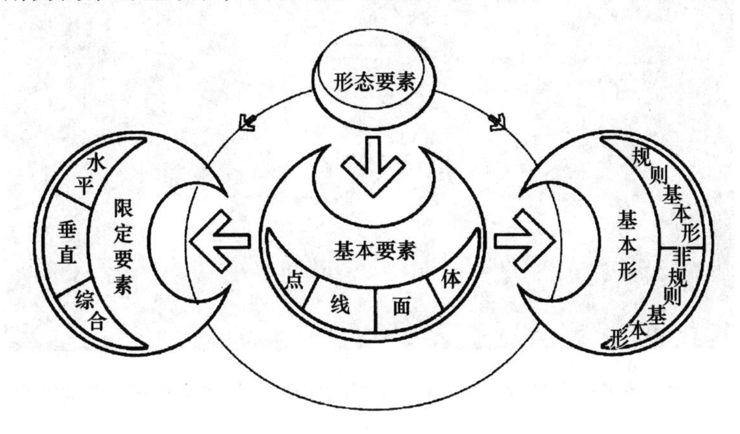

图 2-8　形态要素关系图

一、基本要素

点、线、面、体作为空间形态构成的基本要素，它们自身的形态属性构成了其特定的形态意义。点、线、面、体是造型艺术活动的基本视觉元素，在繁杂众多的自然形态中，我们仍可运用构成的原理，将其归纳为点、线、面、体等几何形态，并且纳入视觉形态研究的范畴。

（一）点要素

在空间造型中，点这一元素是最为细小的。在抽象的空间构成中，点表示在空间中的位置，它是无长、宽、高和方向性的，是静态的。但空间中的点在不同的空间构成层面上有着不同的作用，我们可以从空间中的点和视觉效果中的点来加以探讨。

在平面层次上对点构成的探讨，可以在一些有关平面构成的书籍中找到，这里将着重于对空间中的点的探讨。在空间中，一个点通常具有下列几种可能的情况：

（1）一条线的两端。

（2）两条线的交点。

（3）面或体角部线条的相交处。

（4）一个范围的中心。从理论上来说，点是理想化而没有形状和体态的，但当置于空间视野之中时，它的存在与作用是能立即被感知的。如当点处于某个环境中心时，它会有一种稳定感和静止感，当以自身为中心来组织周围空间时，则对该空间起着控制作用。而当这个点从环境的中心位置偏移向其他位置时，该点便会形成强烈的动态，与周围的空间形成建筑的关系。从某种意义上说，就会如同向平静的湖面投掷一颗石子，石子激起的涟漪会扩张影响湖中的倒影一般。正是这种空间点元素对于周边环境的影响，所以空间中的点在被强调时有着强烈的空间场所控制性（图 2-9）。

图 2-9　圣彼得大教堂穹顶与广场的方尖碑两点构成了建筑组群的轴线

在具体的空间环境中，点元素往往被赋予具体的形态和体积，在对于点状元素的秩序安排中，点的聚合组织在空间中除去视觉的均衡意义外，往往还具有下列作用：

（1）空间形式主题的强调。

（2）空间层次关系的暗示。

在具体的运用中，点的元素组织也有很多种手段，从形态造型到灯光的布置，以及空间中物体的组织与强调，都是点元素实现其空间形式目的的途径（图 2-10）。

（二）线要素

两个点相连便能形成线的感觉。线具有较强的视觉张力，能够在视觉上表现，出方向感、运动感和生长感的特征。

线的种类很多，直线和曲线是最基本的两种线型。直线主要有垂直线、水平线、斜线等种类；曲线有几何形、有机形和自由形三种类型，以及圆弧形、抛物线形、波线形等不同的形态。不同的线与线相接能产生新的线形，如，斜线的结合能产生折线，弧形线的结合能产生波形线（图 2-11）。

不同类型的线有不同的性格特征和感观。垂直线给人的感觉是向上、崇高、坚韧和理智；水平线给人的感觉是安静、稳定、舒缓及平和；斜线是视觉上呈动感的活跃因素，给人的感觉是动态性和不稳定性。有序排列的直线具有明显的秩序感，水平线具有引导观众视线的作用，垂直线则更多地具有分隔画面和限定空间的作用。

散落的石块可视为空间中的点　　室内灯饰可视为空间中的点

图 2-10　空间环境中的点状元素

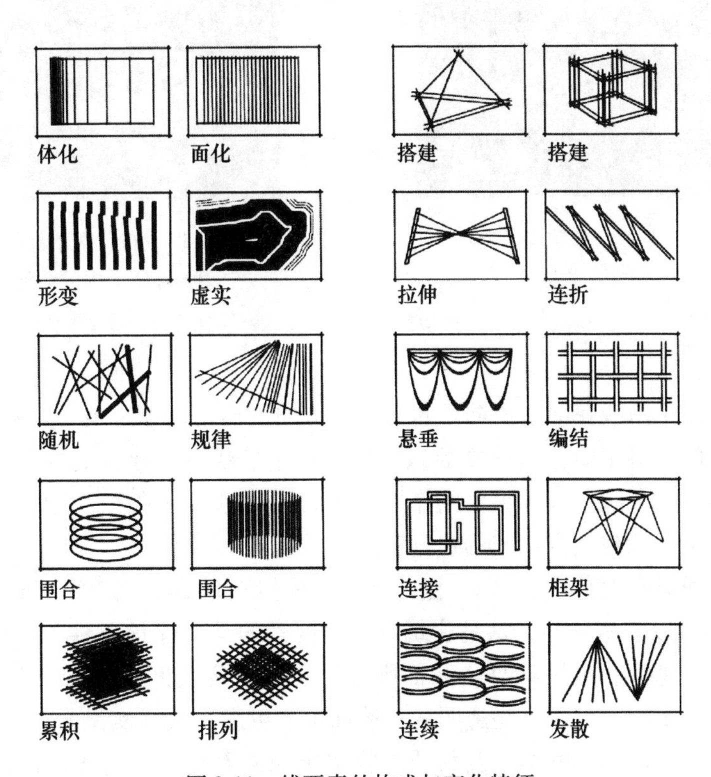

图 2-11　线要素的构成与变化特征

曲线是富有柔性和弹性的线，将曲线运用到环境空间设计中，能给人带来与直线不同的各种联想及优美、柔和、轻盈、自由和运动等不同的感受。由于曲线的曲率不同，不同的曲线形态会呈现出不同的视觉效果；抛物线流畅悦目，具有速度感，能给人以流动和轻快的感觉；螺旋线有升腾感和生长感，给人以新生和希望；圆弧线规整、稳定，有向心的力量感；“S”形的曲线回旋形带给人节奏感和韵律感。如果没有条件创造曲面空间，可以通过曲线形的墙面装饰和绿化水体等丰富空间效果。

在环境空间设计中，可以综合运用不同线形的视觉特征，来达到有意识、有目的引导观众视线和营造空间效果的作用。

在空间构成上，直线的造型规整简洁、富有现代气息，但过于简洁规整会使人感到缺乏人情味（图 2-12）。合理运用不同的曲线形式于空间设计中，可调节及活跃空间气氛，避免单纯直线造成的冷峻、严肃的氛围，给人以优美、活泼、生动的感受。当然，曲线的运用也要恰到好处，如果运用不当，会产生矫揉造作之媚态，以及杂乱无序的感觉（图 2-13）。

图 2-12　某建筑庭院中的直线

图 2-13　布鲁塞尔都灵路 12 号住宅中的曲线

（三）面要素

面可以被看作是由线在沿着不同于自身延伸方向的运动而形成的，也可以看成是由于点的聚合所构成的。对于面，其重要的识别特征在于形状对于建筑的内外空间形式来说，面对于三度空间的围合起着至关重要的作用，面面之间的空间关系，面的尺寸、质感、色彩、形状直接决定了该被围合空间的视觉特征和质量。

在具体的空间形态设计中，我们主要接触三种类型的面：（1）顶面；（2）地面；（3）墙面。顶面可以是房顶面，这是建筑对气候因素的首要保护条件，也可以是吊顶面，这是内部空间中的遮蔽或装饰构件。墙面则是视觉上限定空间和围合空间的最主要的要素。墙面可以是封闭的，也可以是透明的；墙面可实可虚，或虚实结合。作为建筑空间基面的地面，其形式、色彩、图案以及材质等将决定地板面把空间的界限限定到何种程度。地面也是可以处理的，可以把地面做成台阶或平台，以把空间的尺度分成适合于人们的量度；也可以将地板面局部抬高或下沉，以显示一个较强的领域（图 2-14）。

从具体的呈现方式上来看，建筑空间围合构成的面可分为可见的实面和可感知的虚面，如孔洞或虚拟的界面等。孔洞的存在使得空间之间在视觉上与行动上的连续性得以实现，如门窗的存在使得光、外部景致、行动、视野、空气得以相互间流动。孔洞的位置与大小会赋予空间不同的特性，特别是处于角上的孔洞，在视觉上会削弱面的边缘效果，如果孔洞处于转角位置，则甚至会削弱被围空间体量的明确性，并造成空间向外的延伸感。

图 2-14 地板面抬高设计

孔洞与实面在纵深方向或水平方向上的平行组合在视觉上形成了层层透叠的空间视觉感受，这种各种面的透叠关系加入不平行的组织关系——缠绕、交叉，则会产生更多的相互渗透的内容，从而使得空间的渗透变得更为复杂。

目前对于建筑表皮、膜、外观肌理、界面的融合和分离等话题的讨论从某种角度来看，可以视为面或层形式因素的构成关系。

（四）体要素

所有的体块都可以被视为是由下列元素所组成的：

（1）几个面的相交点或顶点。

（2）面与面的交线或边界。

（3）用于限定体的界限的面或表面。

形式是体所具有的基本的、可以识别的特征，是由面的形状和面之间的相互关系所决定的，面在此表现为体的界线。

在建筑空间设计中，体块的存在有着两种状态：实体和虚空——空间。

在空间的性质上，我们可以做如下划分：

（1）正空间：为围合体所封闭的围合空间。

（2）负空间：围合体外的空间。

（3）灰空间（中介空间）：正负空间之间过渡存在的空间，同时兼有自然空间与人造空间的特点，如亭、廊、中庭等。具体的建筑空间设计中，实体与背景之间存在着紧密联系。在平面中，面与周边往往存在着如下特性：

凡是被封闭的面都容易被看成“图”，而封闭这个面的另外一个面就会被看成“基底”。在特定的条件下，面积小的面会被看成“图”，而面积大的面会被视为“底”。质地比较坚实的图形，容易被视为“图”。凸起的式样容易成为“图”；凹入则容易使图形成为“底”。

这就是平面图形中的“图与底”理论。“图与底”理论在空间设计中的作用有着下列特点：

一座建筑与建筑周边的空间关系，我们可以看成是“图与底”的关系，建筑、雕塑与图形相比，具有“图形”所应有的一切性质——它不仅是件封闭的立体物，而且具有一定的质感、密度和硬度。

从普通人对于建筑的认识来说，建筑总是被人们设想为一件由内向外凸起的各种几何体的组合，体块组合的凹入部分和中间穿孔部位，则被看作是几何体各个部分之间的间隙（相当于图形之间的间隙）。这些间隙，在相当长的时间里，在建筑设计中从属于建筑的凸起部分。现代主义建筑出现以后，这些凹入部分的作用效果才日益被解放出来。

首先，对于凸出的体块或图形来说，在视觉心理上，多具有向周边环境扩散的视觉感受，在“图与底”关系上，这种凸出的体块或图形单位，对于“基底”往往是具有侵略性的。

这种虚空与实体之间的结合并非只呈现在建筑的形式之中，在其他姊妹空间艺术中，这种结合方式也是存在的，如在现代雕塑中的孔洞概念。孔洞技术打破了西方传统雕塑中固有的概念，即认为雕塑是被空间所围绕着的实体，孔洞技术使空间成为雕塑的一部分，让空间穿行在雕塑中间，空间与雕塑融为一体，这是现代雕塑具有的重要艺术魅力。

在相当长的时间里，建筑和雕塑往往以一种独立的实体出现，从背景中孤立出来，将一切的活动都集中在自己身上。而在现代建筑与雕塑创作中，对凹入形式的运用，使得建筑各个组合结构之间的配合关系变得更为密切和完善。

在室内，家具、灯具、饰品与空间的界面以及环境之间也存在着这样的“图与底”关系，在图2-15的作品中，我们可以看见家具、灯具、水果等物品是如何成为空间中的“图形”的；而在图2-16中，家具的色调与空间背景的色彩是如此的接近，以至于几乎难以将它们从空间中分辨出来，而黑色的镶边将家具给予圈形化的勾勒和强调，从而将家具成功地从背景中显现了出来，“图”与“底”的关系实现了戏剧反转。

图2-15　空间与物品的“图与底”关系（一）

图 2-16　空间与物品的“图与底”关系（二）

二、限定要素

人类限定、围隔空间主要出于实用性和艺术性两种要求。空间与实体是共生关系，空间首先需要物理性限定才可存在成显形，有形的围合物使无形的自然空间有形化、可视化，且易于理解，离开围合物，空间只是概念中的空间，不可被感知。其次，空间是可见实体要素限定下形成的不可见虚体与感觉它的人之间产生的“场”，是源于生命的主观感觉。

任何客观存在的空间都是人类利用物质材料和科技手段从自然环境中分离出来的，由不同界面参与限定、围合，并通过大脑推理、联想和“完形化”倾向而形成的三度虚体。意大利心理学家盖塔诺·卡妮莎（Gaetano Kanizsa）1955 年发表了著名的卡妮莎三角（Kanizsa triangle），中心那个比图形的其余部分更亮一些的白色三角形，完全来源于我们观察三个带缺口的黑色圆形和 V 字形线条时产生的封闭想象，格式塔心理学认为这是由于趋合心理填补了眼睛没有看到的空缺，产生整体知觉，使形态完整。限定要素本身的不同特点，如材料、形状、尺度、比例、虚实以及组合方式，所形成的空间限定感也不尽相同，并会进而决定空间的性格，影响空间的气氛、格调。具体的空间限定手法有以下几个方面。

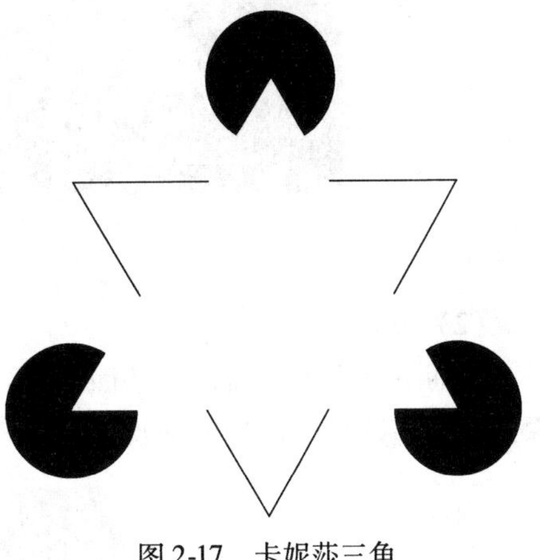

图 2-17　卡妮莎三角

（一）水平限定与垂直限定

从限定要素存在的方向上看，主要有水平和垂直方向的限定，水平要素的限定度相对较弱，利于维持空间连续感，垂直要素则能较清晰地划定空间界限并会提供积极的围合感。

1. 水平限定

水平限定多以地面、天花作为限定界面，几乎没有实际意义的竖向围合、分隔界面，因此仅能抽象地提示、划分出一块有别于周围环境的相对独立区域，无法实现空间的明确界，是一种象征性的限定手段。

用以限定空间的水平实体，常通过变换其形态、材质、色彩、肌理，以及抬高、下降改变标高等手段进行暗示性划分，差别越明显，限定度越强，领域感越明显。

虽然这种方式的空间限定度相对较弱，但空间连续性好，除了划定界限，这种手法还可强调空间的中心、焦点，以及产生空间的引导作用，如紫禁城大殿中的皇帝宝座多会置于高台之上而表现出神圣与庄严感。

体量高大的空间还可设立夹层（如挑台、跑马廊、天桥等）来提高空间的利用率，并能使空间产生交错、穿插、渗透感，同时也容易丰富空间的层次感。

水平限定的要素主要包括基面、基面下沉、基面抬起和顶面。

（1）基面

基面，也就是我们常说的“底面”。基面在一般情况下与背景处于重合状态，两者之间没有高度变化。基面的空间限定作用主要是通过色彩、肌理的变化来完成的，是一种颇为抽象的限定（图2-18）。

图2-18　基面

（2）基面下沉

基面下沉主要是通过将基面下沉到背景以下，利用下沉的垂直高度限定出一个空间范围，因此，这种限定是一种具体的限定（图2-19）。

图2-19　基面下沉

基面的下沉使低于背景的空间具有了内向性、保护性和宁静感。大量的各类下沉式广场均具有以上特征（图2-20）。当可见的垂直界面采用斜向或阶梯的处理方式时，不同高度空间的连续性得到了维持。

（3）基面抬起

基面抬起与基面下沉形式正好相反，但作用相似。它是将基面抬至背景以上，使基面与背景之间有了高度变化，沿着抬起的基面边界所建立的垂直高度，可以从视觉上感受到空间范围的明确和肯定，因此，这种限定也是一种具体的限定（图2-21）。

图2-20　上海静安寺下沉广场

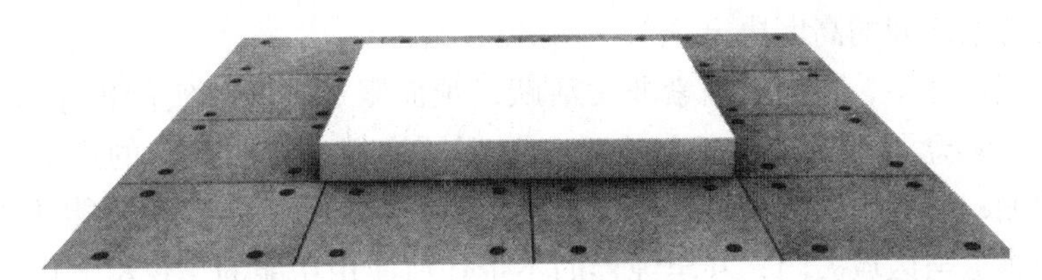

图2-21　基面抬起

基面的抬起在空间中可以用来体现神圣感、庄重感，也可以用来吸引人们的注意力，或者为人们提供开阔的景观视野。传统的宫殿常采用多级升起的基面，以体现其神圣与庄重（图2-22）。剧院舞台与议会大厅常以升起的基面来达到吸引人们注意力的目的（图2-23）。而在一些自然生态保护区和景观环境中，常以此手法来取得开阔的景观视野和保护生态环境。

图2-22　天坛祈年殿

图 2-23　小剧院舞台

（4）顶面

顶面限定的空间范围出于顶面与背景之间（图 2-24），此空间范围的形式由顶面的大小、形状及与背景之间的高度决定。

在环境空间设计中，顶面的因素非常活跃，顶面限定空间的实例也相应的极为丰富。有建筑类的“玻璃盒子”住宅、高大的“口”形写字楼、底层架空的通透空间，以及悬挑深远的大雨棚；有遮阳的凉亭、帐篷顶与阳伞；还有具有一定实用功能的候车亭；由各类顶盖构成的廊道与区域大门；甚至纯粹的不带任何使用功能的，仅给人以心理空间范围感的透空网片式凉亭……

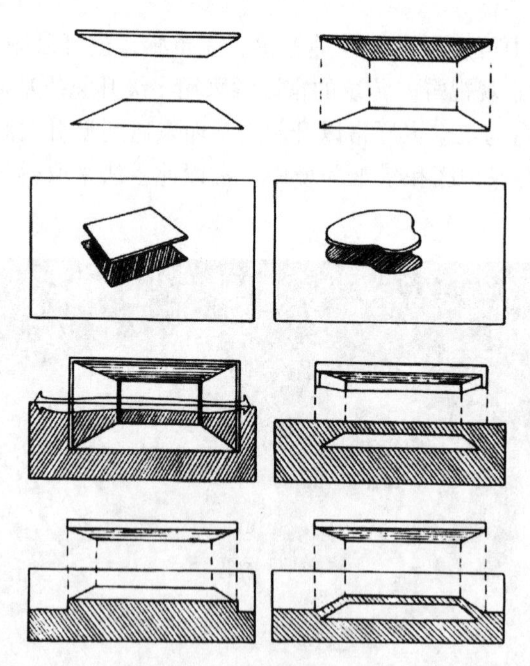

图 2-24　顶面限定的空间

此外，顶面与地面之间的高度对空间的影响很大，这可以从两个方面来分析：绝对高度（相对于人的高度）过低使人感到压抑，过高则使人感到不亲切；相对高度（高度与顶面的面积比例）越小则空间感越强，反之则空间感越弱。巴黎拉·德方斯大门巨大的尺度使人在底部感到渺小、不安定，设计师巧妙地设计了带圆形孔洞的低矮柔软的帐篷顶，既巧妙地解决了这个难题，又可以使人感受到大门的巨高度带给人心理的震撼力（图2-25）。

图2-25　巴黎拉·德方斯大门底部的帐篷顶设计

2. 垂直限定

垂直限定的空间分隔体与地面大致垂直，分隔体在形状、数量、虚实、尺度以及与地面所成角度等方面存在差异，围合感强弱亦会发生变化，有的可中断空间连续性，约束行为、视线、声音、温度，有的却会使空间隔而不断，相互渗透和流通。

垂直限定要素的形式一般有两种：一种是线的垂直要素，可以限定空间体积的垂直边缘；另一种是面的垂直要素，可以明确表达它前面的空间。常见的面的垂直形式有：单一垂直面、平行垂直面、“L”形垂直面、“U”形垂直面和“口”形垂直面。

（1）垂直线

垂直的线要素，最常见也最容易理解的便是柱子：

① 开敞的空间中，一根单独的柱子，除了给我们一种道路的引向性以外，它还具有方向性，通过它可以做出任意数目的轴。

② 一根柱子位于一个限定的空间体积中，将会明确围绕着它的空间，并将与空间的围护物相互影响。

③ 当柱子位于房间中心的时候，柱子本身将明确为空间的中心，并且它本身与周围墙面之间划分出相等的空间地带。如果柱子偏离中心的位置，将划定不等的空间位置。

在垂直的线要素中可以通过增加垂直的线要素的数量，或者改变其所处的位置等方式来控制空间的感觉。当1根垂直线位于一个空间的中心时，将使围绕它的空间明确化；2根垂直线可以限定一个面，形成一个虚的空间界面；3根或更多的垂直线可以限定一个空间范围的角，构成一个由虚面围合而成的通透空间（图2-26）。

（2）单一垂直面

当单一垂直面直立于空间中时，会产生一个垂直面的两个表面。这两个表面可明确地表达出它所面临的空间，形成两个空间的界面，但它却不能完全限定它所面临的空间。

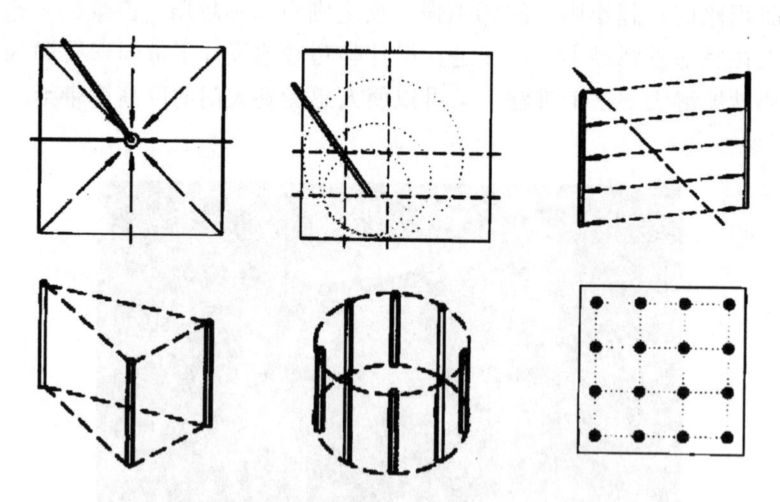

图 2-26　垂直线根数不同起到不同的作用

单一垂直面的高度会影响到面从视觉上表现空间的能力。当面达到齐腰的高度的时候，就造成一种围护的感觉，同时，还允许视觉与周围空间具有视觉上的连续性；当这个面趋于视线高度时，就把两个空间完全分隔开了（图 2-27）。同时，面的表面色彩、质感和图案也将影响到人们对面的视觉分量、比例和量度的感知。

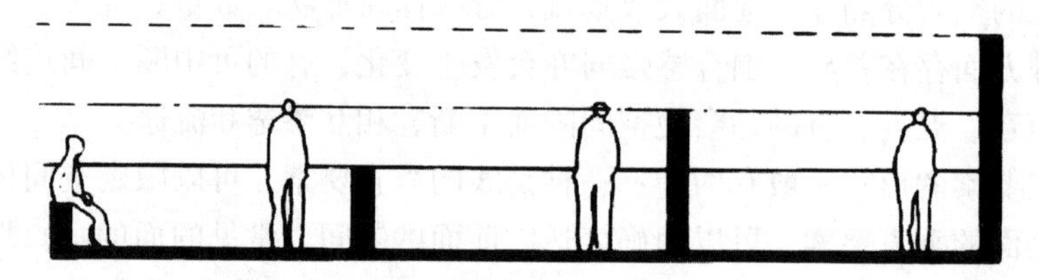

图 2-27　单一垂直面的高度变化与人的感受

单一垂直面的运用非常广泛。室内入口处的照壁式屏风，就起着将原空间分为入口过渡空间与内部空间两个部分的作用（图 2-28）。澳门著名的“大三巴”牌坊，也是展览馆室外环境内外空间的“分隔线”（图 2-29）。广场环境中独立的广告与指示标牌，同样也是单一垂直面的实际运用。

图 2-28　室内照壁式屏风

图 2-29　澳门大三巴牌坊

（3）平行垂直面

一组互为平行的垂直面可以限定它们之间的空间范围。这个空间敞开的两端，是由平行垂直面的边界所形成的，给空间造成强烈的方向感。方向感的方位是沿着这两个平行垂直面的对称轴线向两端延伸（图2-30）。

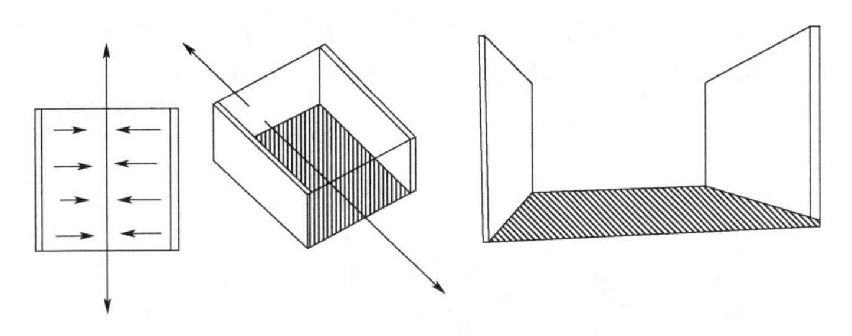

图2-30　平行垂直面

平行的垂直面可以通过加入顶面、采取错位、改变色彩、质地等，从而使之产生相应的效果。例如加入顶部可以使围合空间产生具有强烈方向感的通道；随着两个平行面之间色彩和质地的改变，垂直面将产生一个次要轴线；通过造型的开放端，或通过平面本身的空洞，空间范围之间的关系可以发生丰富变化（图2-31～图2-33）。

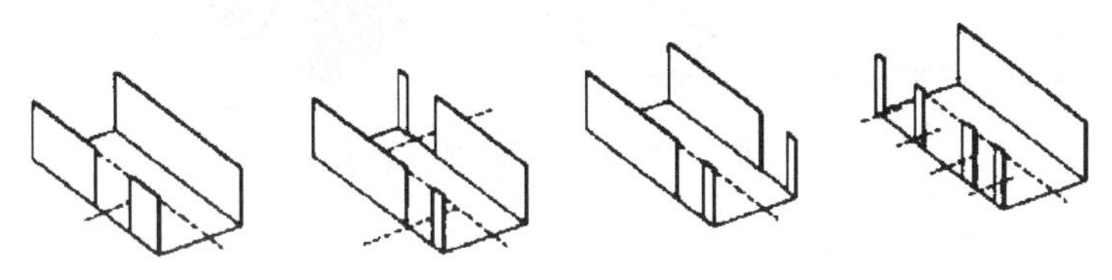

图2-31　平行垂直面的空间范围与方向性变

图2-32　由平行住宅立面限定的古镇街道

图2-33　具有通透视线的平行支撑面

（4）“L”形垂直面

一个“L”形面可以派生出一个从转角处沿着一条对角线向外延伸的空间范围（图 2-34）。从它的转角处，这个空间被限定和围起，而从转角处向外移动时，这个范围就迅速地开始消散。这个范围在它的内角处是内向性的，而沿外缘则变成外向性。这个范围的两个边缘，受到这个造型的两个面的限制。而它的另外两个面也会产生隐含性的垂直空间薄膜。一个建筑形式上的“L”造型，连接处的连接方式的改变可以使两臂或者转角处产生相应的动势。而“L”造型的面是静态的、自承的，可以独立于空间之外，也可以存在于空间之内。

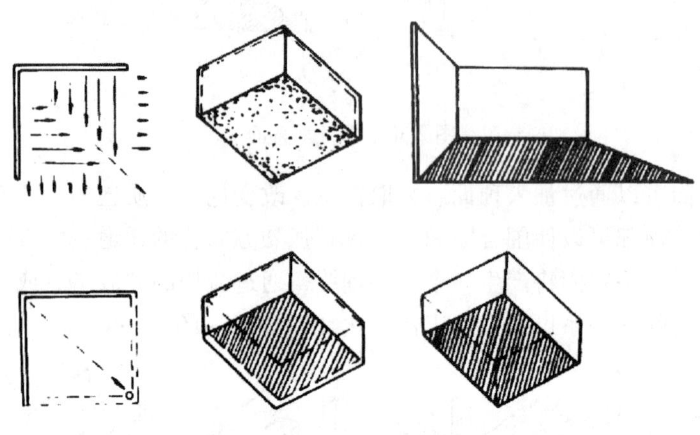

图 2-34　“L”形垂直面

（5）“U”形垂直面

垂直的“U”造型限定的空间范围，具有一个内向的焦点，同时方位朝外。在造型的后部，该范围是封闭的，朝向造型的开敞端，该范围具有外向性（图 2-35）。

开敞端是这个造型的最重要的特征，因为相对于其他三个面而言，它具有独特的利用地位。它允许该范围与相邻的空间保持视觉和空间上的对话。

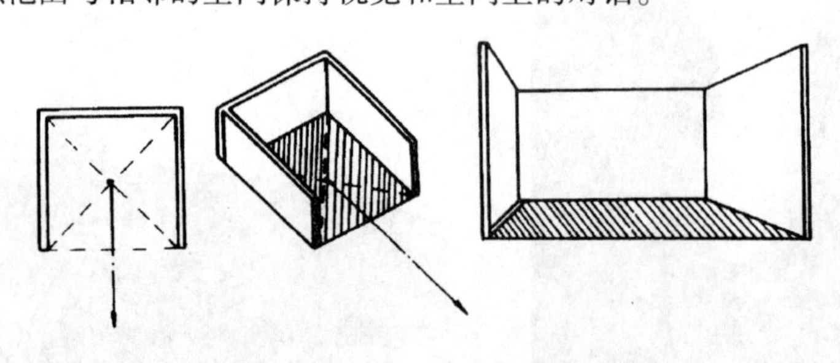

图 2-35　“U”形垂直面

许多主席台的背景、公司的标识，以及壁龛的处理手法均利用“U”垂直面的原理，如图 2-36 和图 2-37 所示。

（6）“口”形垂直面

“口”形垂直面由四个垂直面围合而成，界定出一个明确而完整的空间范围（图 2-38）。同时，也使内部空间与外部空间互为分离开来。这大概是空间限定中最为典型的一种，限定作用最强。因为它将空间围合了起来，所以它的空间是内向性的（图 2-39）。

图 2-36　巴黎歌剧院的壁龛

图 2-37　巴黎街头的“U”形休息座椅

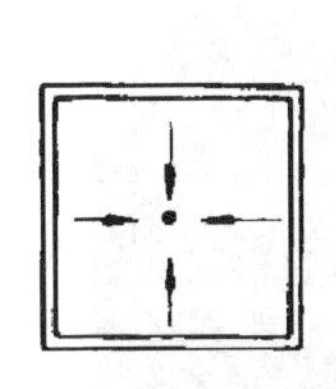

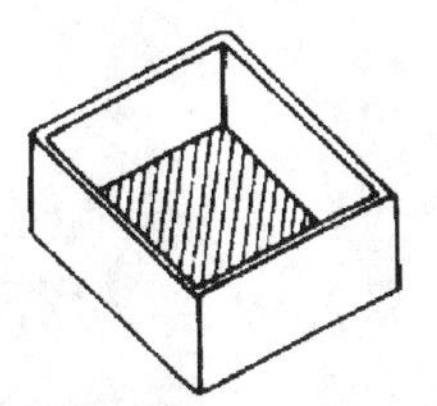

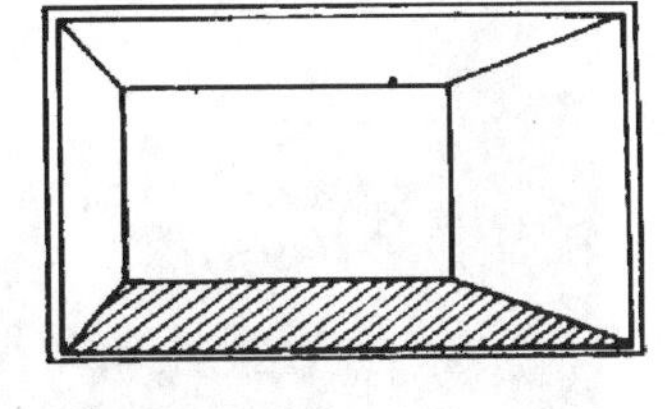

图 2-38　“口”形垂直面

图 2-39　传统徽式民居中的天井

改变“口”形垂直面形态的主要方式是设立洞口，有了洞口可以提供与相邻空间的连续性。同时，根据其尺寸、数目和位置的不同，开始有了对空间的围合感。

（二）中心限定与分隔限定

从限定空间的实体形态，与使用者的对应关系上看，可分为中心限定（虚包实）和分隔限定（实包虚）。中心限定形成的是模糊不清的消极空间，而分隔限定形成的则是明确肯定的积极空间。

1. 中心限定

单一实体会成为支配要素而向周围辐射扩张，如果从外部感受，其周围可形成一个界限不明的环形空间，或称作“空间场”（场，就是事物向周围辐射或扩展的范围），越靠近限定实体，这种空间感越强。暗夜的营火可形成一个光穴，使外面的黑暗像墙壁一样包围着，那些围着营火的人便有如同一间屋子中的安全感。中心限定并不能具体肯定地划分空间界限和领域，由于这种空间感只是一种心理感觉，所以它的范围、强弱多由限定要素的造型、位置、肌理、色彩、体量等客观因素和人的主观心理因素等多方面综合决定。

“设立”，为中心限定的具体形式，与“地载”共同架构起凝聚、挺拔、庄严雄伟的势态，纪念性建筑、雕塑均属此类（图2-40）。

图2-40　印度尼西亚婆罗浮屠由中心限定构成的威严神圣之美

2. 分隔限定

主要利用面材或线材、块材的构形虚面，进行分隔围合空间，组合成具有明确界限或容积的内空间，可提供相对明确、强烈的围合感，限定度积极、活跃。分隔限定是空间限定的最基本形式，构成的空间界限较明确。空间分隔的目的，无非是出于使用功能的考虑，如医院中的污染区、半污染区和清洁区须要加以分隔处理，以及基于精神功能，借以丰富空间层次，就像那些古代帝王居住的宫殿楼阁，与普通人的世界总是要隔着重重围墙与封闭的宫门。“隔则深，畅则浅”，有隔才会有层次变化，空间才会在视觉上得到拓展而感觉景致无穷、意味深长。

根据限定程度，分隔限定可细化为绝对分隔、相对分隔和虚拟分隔；另外，还有可实现对空间的灵活区划的弹性分隔。

（1）绝对分隔

绝对分隔的限定程度较高，空间分隔的界面多为到顶的实体界面，界限明确，独立感、封闭感较强，与外界的交互性、流动性差，是一种直接的断然分隔，空间偏向静态。

（2）相对分隔

相对分隔的限定程度相对较低，空间并不完全封闭，界限不十分明确，相对于绝对分隔抗干扰性较差，但相对分隔的空间隔而不断，流动性好，层次丰富。

（3）虚拟分隔

是限定度最低的一种分隔形式，或称意象分隔、象征性分隔。是一种主观的空间体验，侧重心理效应和象征意味，主要通过色彩、材质、高差，以及光线、音响甚至气味等非实体因素来对空间进行暗示性划分，通过“视觉完形化”现象而勉强区分空间领域，其空间界限模糊、含蓄，模棱两可、似是而非，是开放感最强的一种空间。虚拟分隔能够最大限度地维持空间的开敞、流动感，这样形成的空间也称“虚拟空间”或“心理空间”。美国建筑师罗伯特·文丘里（Robert Venturi）于1972年在美国费城设计建造的富兰克林纪念馆，使用线状的不锈钢架子与白色大理石、红砖铺地显示出的平面轮廓相结合，勾勒、限定出了简化建筑形象（图2-41）。

图2-41　富兰克林纪念馆里的“幽灵架构”

（4）弹性分隔

分隔界面根据要求能够随时移动和启闭的空间分隔形式。弹性分隔可以很容易地改变空间的尺度、形状，具有较大的机动性和灵活性。如活动隔断、帘幕，以及活动地面、活动顶棚等都可用作弹性分隔手段。

三、基本形

基本形是由基本要素构成的具有一定几何特征的形体。由于规则基本形为人们所熟悉，并且具有一定的规律性，所以在形态构成中，常常将规则基本形直接作为基本单元，来构成更为复杂的形态。当然，除了规则基本形，还有不规则基本形，而且这种不规则基本形大量存在于我们的生活环境中，虽然对不规则基本形的构成规律，以我们的视知觉目前还无法掌握，也难以用语言进行归纳和总结，但我们却不能视而不见。

（一）规则基本形

规则基本形是基于单纯几何学的形体，故有的学者把这种形体称为“单纯几何学”。对规则基本形的研究和使用，可以说历来受到人们的重视。柏拉图早已列出了正四面体、正六面体、正八面体、正十二面体、正二十面体这五种正多面体，后人把这五种几何形体称为"柏拉图立体"（图 2-42）。阿尔伯蒂（Leon Battista Alberti，1404—1472 年）① 通过进一步研究认为，圆形是最完美的，并且提出了正方形、六边形、八边形、十边形、十二边形这样的向心性的形状，进而推荐了由正方形派生出来的三个长方形②。即使到了 20 世纪，单纯几何学仍然受到许多建筑师们的青睐。勒·柯布西耶（Le · Corbusier，1887—1965 年）认为："……立方体、圆锥体、球体、圆柱或者金字塔式棱锥体，都是伟大的基本形式，它们明确地反映了这些形状的优越性。这些形状对于我们是鲜明的、实在的、毫不含糊的。由于这个原因，这些形式是美的，而且是最美的形式。"③ 下面，对几种规则基本形的特性做简要讨论。

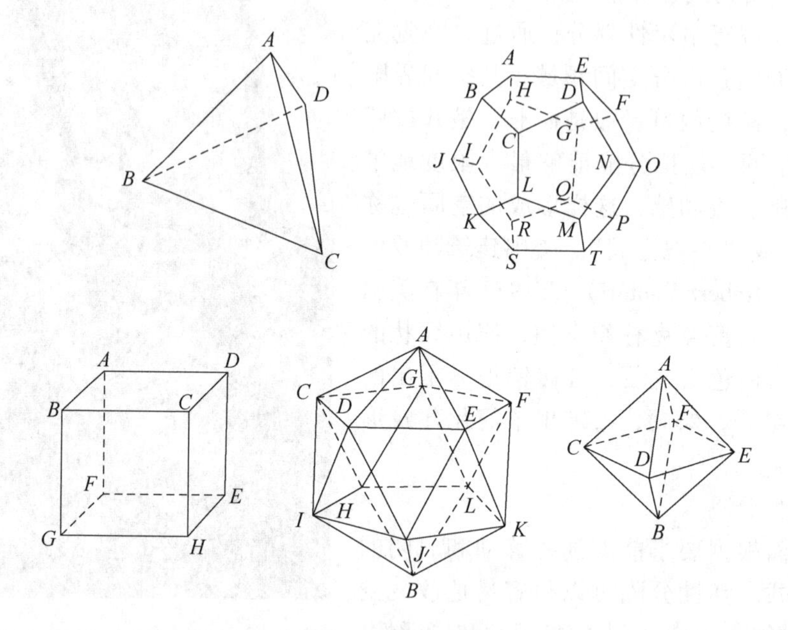

图 2-42 柏拉图立体

1. 圆形

在空间设计中，圆是非常常见的形状。圆形可以从多个角度观看，无论是正圆还是椭圆，都给人以丰满、柔和、稳定、亲切的感受（图 2-43、图 2-44）。这一特点在空间设计中具有很好的适用性（图 2-45）。

2. 球体

球体由圆形引申而来。在球体基本形所处的环境中，可以产生出以自我为中心的感觉，通常情况下呈十分稳定的状态。球体空间因各方均衡，使得空间内部具有内聚性和强烈的向心性与包容性（图 2-46）。

---

① 阿尔伯蒂是意大利文艺复兴时期非常重要的建筑师和建筑理论家，他的著作《建筑论》（又名《阿尔伯蒂建筑十书》）是文艺复兴时期第一部完整的建筑理论著作，也是对当时流行的古典建筑的比例、柱式以及城市规划理论和经验的总结。它的出版，推动了文艺复兴建筑的发展。

② ［日］小林克弘. 陈志华，王小盾译. 建筑构成手法［M］. 北京：中国建筑工业出版社，2004：34.

③ ［美］弗朗西斯. D. K·钦. 邹德依，方千里译. 建筑：形式·空间和秩序［M］. 北京：中国建筑工业出版社，1987：58.

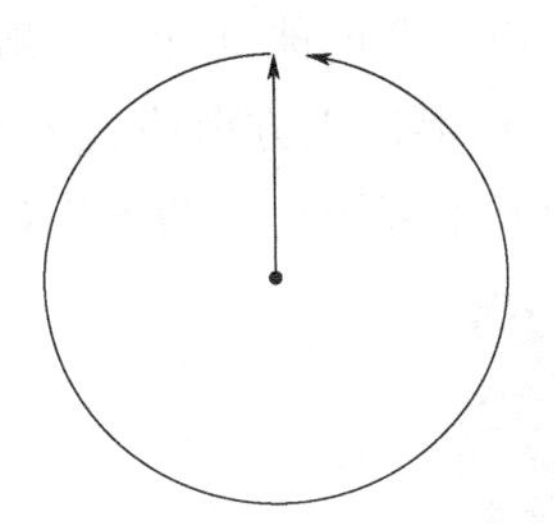

图 2-43　以点旋转成圆形

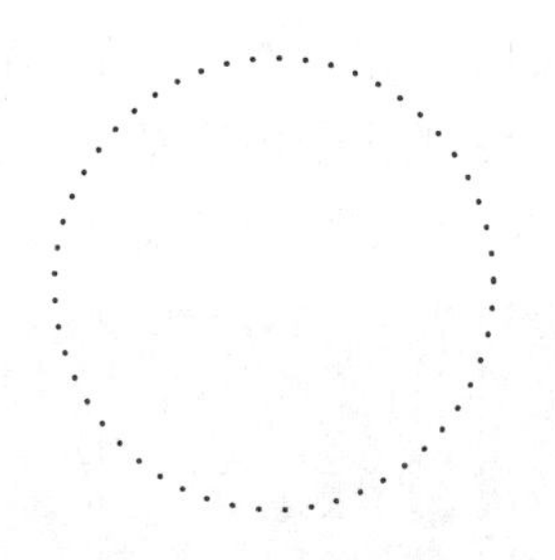

图 2-44　由点形成圆形

图 2-45　圆形形式 国家大剧院

图 2-46　球体形式（柏林天文台）

3. 圆柱体

圆柱体是一个有轴线并呈向心性的形体，轴线由两个圆形的中心连线所限定，很容易地沿着此轴延长。如果轴线停放在圆面上，圆柱则呈现一种静态的形式。中轴倾斜时就变成了一种不稳定的状态，如图 2-47 所示。

4. 三角形与锥体

三角形表现出的是一种稳定性，因此三角形的这种形状和图案通常被结构体系所利用。但是当它以一个角作为支点立起来的时候，它就处于一种不稳定状态的均衡，或者是倾向于往一边倒的不稳定状态。三角形在形状上具有一定的能动性，这取决于它的三个边的角度关系，由于它的三个角度是可变的，所以三角形比正方形或长方形更易灵活多变。此外，三角形也可以通过组合形成方形、矩形以及其他多边形，如图 2-48 和图 2-49 所示。

图 2-47　圆柱体（比萨斜塔）

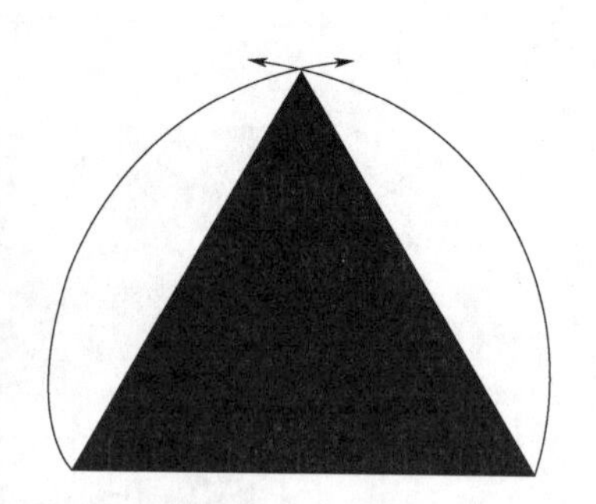

图 2-48　三角形

锥体有圆锥体、棱锥体等不同形体。圆锥体是一个以等腰三角形的垂直轴线为中轴旋转而成的形体。当圆锥体以圆形为基面时，它是一个十分稳定的形体；而当垂直轴线倾斜时，它则是一个不稳定的形体。棱锥的属性与圆锥相似，但是，因为它所有的表面都是平面，所以棱锥可以在任何一个表面上呈稳定状态。圆锥是一种柔和的形式，而棱锥相对来说则是带棱、带角比较硬的形式（图 2-50）。

6. 正方形与立方体

正方形表现出纯正与理性，它的 4 条等边和 4 个直角使正方形显现出整合视觉上的准确性与清晰性（图 2-51、图 2-52）。

各种矩形都可以被看作是正方形在长度和宽度上的变体，矩形是存在最为普遍的视觉要素。空间墙面、门、窗，以及家具陈设等都是空间中常见的矩形形态。借助于、比例、色泽、质地、布局方式和方位，可以取得各种变化。

立方体是一个有棱角的形体，它有 6 个尺寸相等的面，并有 12 个等长的棱。因为它的几个量度相等，所以缺乏明显的运动感或方向性，是一种静的形式。除了它立在一条边上或一个角上的情况外，其他状态下都是一种稳定的形式。尽管它带棱、带角的侧面会因我们视点的影响而看上去不太明确，但立方体总是保持了一种很易于辨认的形式，如图 2-53 所示。

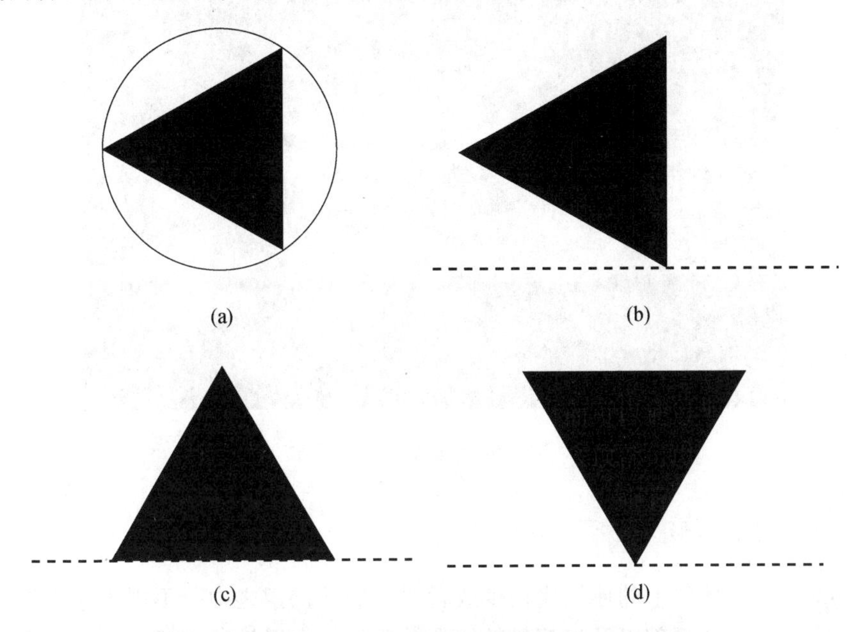

图 2-49　三角形的不同状态

图 2-50　锥体（法国卢浮宫金字塔）

图 2-51　四条相等的线围成的正方形

图 2-52　四个点围合的正方形

图2-53　立方体（国家游泳中心水立方）

（二）不规则基本形

不规则基本形在建筑上的使用比较少或者说正处于探索之中。不规则基本形是以一种无序的方法来组织各个局部以及局部与整体的关系的。在视觉的直观感受上，常采用不对称式构图，呈动态的不稳定的状态。当然，在更为复杂的空间构成中，规则形可以保持在不规则形之中，同样，不规则形也可以为规则形所包围，二者既可以独立使用，又可以互相组合使用，应该取长补短、合理搭配。著名的解构主义建筑师弗兰克·盖里（Frank Owen Gehry，1929— ）在魏尔维特拉家具设计博物馆和古根海姆博物馆等建筑的设计中，将规则的基本几何形加以变形、组合，获得了不规则的几何造型；虽然建筑外观呈不规则状，但建筑平面的形状基本上是规则的（图2-54、图2-55）。

图2-54　维特拉家具设计博物馆外观

图 2-55　古根海姆博物馆外观

第三节　空间的类型划分

空间的类型有很多，从不同角度和着眼点分类可以将其分成很多类型。下面将主要从空间的使用性质、界面形态、空间的确定性、空间的心理感受、结构特征、分隔手段等几方面进行分析。

一、按内外层次不同分类

由于空间的多层次性，可将空间分为内部空间、外部空间和灰空间三种类型。

（一）内部空间

从建筑构成来说，建筑空间是由地板、墙壁、天花板三种基本要素所限定的。这三种基本要素可看成是限定建筑空间的“实体”部分，而由这些实体的“内壁”围合而成的“虚空”部分，则是建筑的内部空间。内部空间由地板、墙壁、天花板三要素所限定。

（二）外部空间

如果说建筑实体的“内壁”围合而成的“虚空”部分形成了建筑的内部空间，那么建筑实体的“外壁”与周边环境共同组合而形成的虚空部分，则形成了建筑的外部空间。外部空间由地板、墙壁两个要素所限定。

（三）灰空间

“灰空间”概念是由日本建筑师黑川纪章提出的。灰空间可认为是由地板、天花板两个要素所限定的，介于室内外之间，具有半室内半室外的空间特征。大量存在于中日传统建筑中的檐下空间、廊下空间和亭下空间都属于“灰空间”这一范畴。中日传统建筑中的灰空间起到中介、连接、铺垫、过渡等作用，打破了内外空间的界限，使内外空间走向融合。

二、按使用性质不同分类

从使用性质上分类，空间可以分为共享空间和私密空间。针对不同的使用性质，空间的处理方式也不相同。

（一）共享空间

共享空间多为较大型公共空间中设置的公共活动和公共交通的中心空间，一般空间比较高、大，常为各种组合形式的中心场所。其中含有多种空间要素和公共设施，人们在共享空间中可体会到物质上与精神上的双重满足，即兼具服务性、休息性双重功能；这里既有多个服务设施，又引入室外灿烂的阳光、潺潺的流水和茂盛的花木，建筑物整体的特色和性质，在这一环境空间得到全面的体现。空间处理上可大也可小，但基本上保持有天顶采光或玻璃幕墙、观光梯、自动扶梯、大面积植物及流水的设置，整体环境光洁华丽，富于动感。

（二）私密空间

私密空间是有明确围护物的内向的、有较强围护感的空间，它与其他空间在视觉上、空间上都没有或只有很小的连续性，以保证空间使用上的相对独立性、安全性和保密性。如住宅中的空间安排、酒店中的单间雅座等都是为了增强相对的独立性和私密感。

三、按界面形态不同分类

从界面形态上分类，空间可分为封闭空间与开敞空间。

（一）封闭空间

封闭空间是由墙体、隔断等实体围合而成，除必需的门、窗外，空间通常呈完全隔绝的封闭形状。封闭空间具有密封、隔声、安全等特点，给人安全、私密的感觉。

封闭空间对外界的各种环境因素具有较强的排斥特性，对外界的热、声环境有很强的抵御能力，但同时与周围环境的流动性较差。一个完全封闭的空间会对人的生理和心理健康产生一定的消极影响。因此，应采用人工的手段给封闭空间提供一个良好的视觉环境，以达到扩大空间感和增加空间层次的目的。

（二）开敞空间

开敞空间和封闭空间是相对而言的。开敞空间是指空间限定性和私密性较小的空间，也称为开放性空间。开敞空间的围合面多为开敞、通透的虚面，限定性和私密性较小，强调与周围环境的交流和渗透，无论从视觉还是听觉上都与周围空间有直接的联系。开敞空间给人以轻松、活跃、流动性强的心理感受。

四、按确定性不同分类

从确定性上分类，空间可分为实体空间、虚拟空间与虚幻空间。

（一）实体空间

实体空间是指界面清晰肯定、范围明确、具有较强领域感的空间。实体空间的围合面一般由封闭性强、透光少的实体材料构成。实体空间的私密性和给人的安全感强，往往和封闭空间联系密切。

（二）虚拟空间

虚拟空间是指借助室内部件及装饰要素的联想形成的心理上的空间。它没有较强的限定度，往往处于大里间中，与大空间流通但又具有独立性和领域感。通常借助家具、陈设、梁、立柱、屏风、绿化、水体的隔断或照明、色彩、材质的不同，或天棚、地面的升降落差及立界面的凸凹等变化来形成虚拟空间。

（三）虚幻空间

虚幻空间是指利用镜面玻璃或其他镜面材料的反射，让人产生的虚像空间。虚幻空间可产生空间扩大的视觉效果。空间设计时，有时可通过几个镜面的折射表现出立体空间的幻觉，把不完整的形态造成完整的假象。

五、按空间形状不同分类

从空间形状上分类，空间可分为凹凸空间和流动空间。

（一）凹凸空间

凹凸空间即在空间构造形状上，通过空间内部表面起伏形成外凸或内凹的空间。

这类空间一般采用在水平方向设置悬板或利用地面下沉，或在垂直方向以外凸和内凹的形式来构造空间。设计时讲究分割的合理、造型形状的美观、视线和心理需求的趣味适度。

（二）流动空间

流动空间即在空间构造形状上，利用空间内部面、线型的方向暗示形成流动的空间。

流动空间在区域的界定上明确，但各部分空间之间具有一定的导向性，即通过高低错落等造型手段使人的心态处于一种连续运动的空间状态。设计时往往借助流畅而富有导向的线、面型来构造。

六、按分隔手段不同分类

从分隔手段上分类，空间可分为固定空间和灵活空间。

（一）固定空间

固定空间通常指在环境中具有特定位置的空间，这种类型的空间在设计时就已经确定好它的功能定位，通常以承重墙来围合空间。

（二）灵活空间

灵活空间是指里间可以灵活处理，能够满足不同功能需要的使用空间。灵活空间通常借助于可以活动的隔断、天井、地面等来实现其价值。活动隔断可使空间灵活地隔成若干个小空间，满足不同的需要。如酒店宴会厅可根据需要利用隔断屏风转变成多个会场或多个包间。活动顶棚和活动地面可通过机械装置的升降，以抬高或降低天棚、地面，使空间尺寸发生改变，从而改变空间形态。如舞台的升降或延伸，可满足服装表演、综艺节目表演的各种需要。

灵活空间是当今比较受欢迎的一种空间形式。灵活空间能满足现代人的求新心理和经济原则，符合社会不断发展变化的要求。

七、其他空间

（一）结构空间

结构空间是指通过外部结构做强烈的形式感设计，形成一种有象征寓意的空间形态。结构空间的界面形态主要有壳体结构、充气结构、帐篷结构、网架结构等。网架结构形式因其具可拆卸和重复使用的特点而使用最为普遍。

（二）悬浮空间

在室内空间设计中常在垂直方向采用悬吊结构，上层空间的底界面是依靠吊竿支撑，因而人们位于其上有一种“悬浮”之感。其中，也有不用吊竿，而用梁在空中架起一个小空间，有“飘浮”之感。通透完整，高爽轻盈，且底层空间的利用也更为灵活、自由，如图 2-56 所示。

图 2-56　“悬浮”的海滩别墅

（三）迷幻空间

迷幻空间有追求新奇、神秘、幽深、动荡、光怪陆离、变幻莫测的超现实的戏剧般特点的空间效果。在空间造型上，有时甚至不惜牺牲功能的实用性，而运用扭曲、错位、断裂、倒置等手法。它是一种以形式为上的空间，如图 2-57 所示。

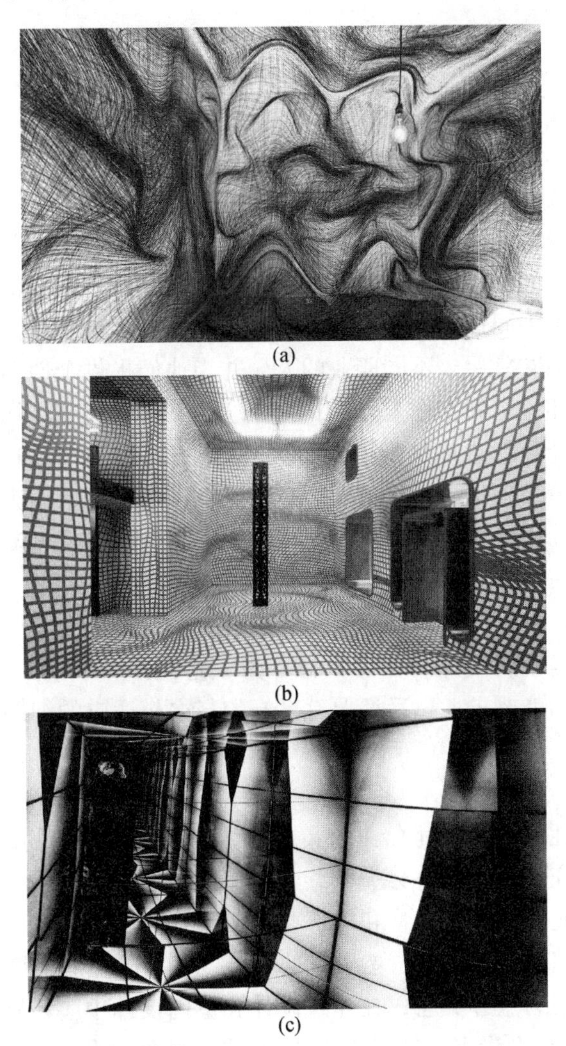

(a)

(b)

(c)

图 2-57　奥地利艺术家彼得·科格勒（Peter Kogler）的迷幻空间作品

第三章　现代环境空间设计的新思路

第一节　坚持以人为本的原则

提出以人为本，可持续发展战略，是21世纪设计者，同时是人类对自身价值和地位的再认识，是人类社会的又一次大飞跃。注重对人所存于的空间中活动环境心理和行为特征的深入研究，创造出不同性质、不同功能、不同规模、各具特色的现代空间环境，目的是要适应不同年龄、不同阶层、不同职业的人，并为他们提供个性多样化的空间需求。

人与使用的空间环境之间存在着复杂的多向关系。人在空间环境中是起主导作用的，理想的空间环境的设计与创造都是为了人，从多角度去满足人的多样化行为及心理需求，同时在一定程度上环境又限定了人。不同的空间环境作用不同，给人的感受也不同。具体而言，在环境空间设计中坚持以人为本的原则主要表现为舒适、无障碍设计等方面。

一、舒适度

营造舒适的环境是空间设计的首要目标。为了达到这一目标，首先需要满足安全要求，其次要满足使用功能要求，然后还要有良好的与之相适应的细部设计。

（一）安全

毋庸置疑，安全性是一个空间存在的必要条件。空间不论从物理层面还是心理层面，都需要给人以安全的庇护，否则将会失去意义。

空间的安全性首先表现在建筑物和构筑物的结构方面。结构设计必须稳固、耐用，能够抗击地震、台风、海啸、大雪等自然灾害的侵袭。其次应能应对各种人为意外灾害。如火灾就是一种常见的人为意外灾害，在建筑设计和室内设计中应特别注意划分防火防烟分区，注意选择耐火材料以及设置人员疏散路线等问题；此外，在恐怖主义已成为各国共同防范的问题之时，如何应对恐怖袭击、生化袭击也逐渐引起各界的注意；近年来随着“非典”和“禽流感”事件的发生，如何应对公共卫生突发事件也成为设计师应该考虑的问题。

在外部空间，安全问题还表现为对领域性的重视。领域性（territoriality）是美国学者奥斯卡·纽曼（Oscar Newman）首先提出的有关外部空间的一个概念。他在研究了人们行为活动与城市形体环境关系的基础上，确认人的各种行为活动要求有相应的空间领域与之相适应，特别在居住环境中提出了一个由私密性空间、半私密性空间、半公共性空间及公共性空间构成的空间体系的设想（图3-1）。如果设计中注意到人的这种心理需求，就可以使人获得比较安宁的心理感受。

在此基础上，纽曼进一步将领域性理论应用于住宅区设计，提出了“可防卫空间”

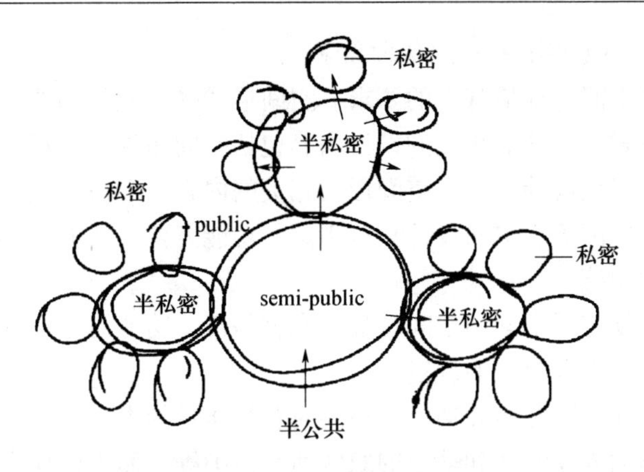

图 3-1　纽曼的空间领域层级

（defensible space）的理论。他认为防卫空间作为居住环境的一种模式，是能对罪犯加以防卫的社会组织在物质上的具体表现形式。纽曼不仅在理论上对防卫空间进行了开拓性的研究，而且还将这种理论运用于住宅区的规划设计中，既丰富了理论，又在实践中得到了广泛运用，产生了世界性的影响。防卫空间通过公共、半公共、半私密和私密空间层级的划分，来建立相应的公共领域、半公共领域、半私密领域和私密领域的层级。这种分类方法有助于扩大居民占有空间的活动范围，增加居民对周围环境的认同感，从而加强居民对环境的控制。图 3-2 为南京东关头某住宅群平面简图。其中小院落为半私密空间，供 2～4 户人家合用；大院落为公共空间，供 17 户人家共用。大小院落功能不同，领域感亦不同。大院落人多，活动多，供居民交往、纳凉、晾晒和儿童游戏之用；小院落安静，具有一定的私密性。大小院落具有不同的领域层次，也提高了居住空间的安全感。

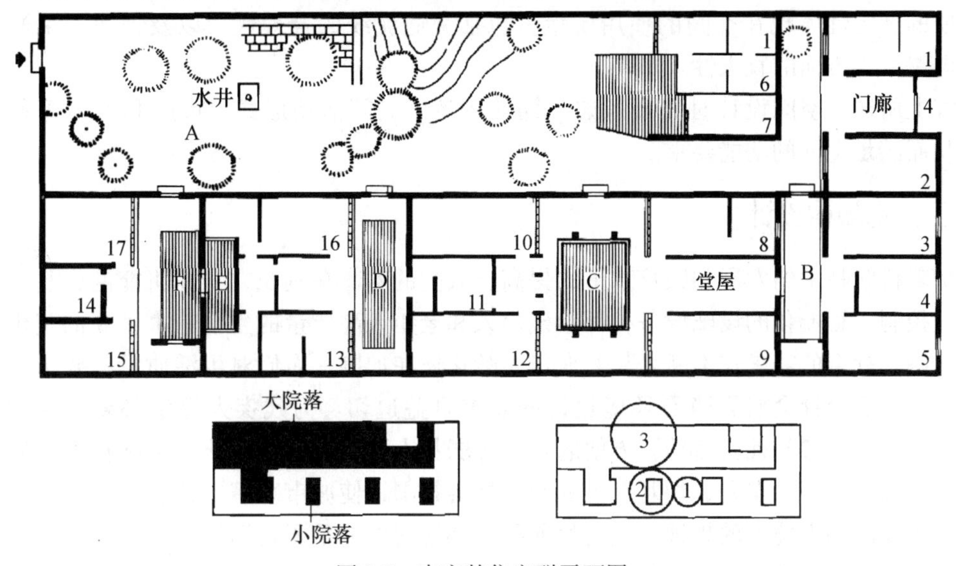

图 3-2　南京某住宅群平面图

（1～17：各类房间；A：大院落；B～F：小院落；①建筑；②小院落；③大院落）

（二）功能

空间是为人服务的，而人的需求具有多面性，有生理的也有心理的，这就要求在进行空间设计时综合考虑人（使用者）的各种需求。

满足功能需要是空间设计最基本的要求。空间形式受功能的制约，不同的室内空间有不同的功能和空间形式。与功能相关的设计内容包括空间布局、交通流线、采光照明、陈设布置、通风设计及绿化设计等；与空间形式相关的内容有形态构成、比例尺度、色彩搭配、材质效果、整体氛围等。空间设计只有满足了功能需要，才能使心理得到满足，从而上升到精神层面的愉悦感。

不同的功能要求规定了不同的空间特征，也就是说，功能对空间是有规定性的，主要包括量的规定、形的规定以及质的规定。

量的规定性体现在不同性质和功能的空间对容纳体量的大小尺度要求不同。空间设计的尺度要求包括静态的人体尺寸和动态的肢体活动范围等。而人的体态是有差别的，所以具体设计应根据具体的人体尺度来确定。如幼儿园和幼儿活动场地的主要设计依据就是儿童的尺度；而老人福利院、老人公寓和老年人活动场地的主要设计依据就是老年人的尺度。

此外，还需注意人体的活动规律。人体活动规律之一是在动态和静态交替中进行，规律之二是在个人活动与多人活动的交叉中进行。这就要求在空间形式、尺度和家具布置等方面符合人的活动规律，不妨碍人体活动。

形的规定性体现在不同的功能空间对形有不同的要求。如音乐厅与教室，虽然都有视听的要求，但因为功能特点差别很大，反映在空间形体上则有很大的差异性。虽然很多功能空间对形状并无严格的特别要求，但如果追求使用上的完美，应采用更适合的空间形状。如，圆形的空间适合于会议室、接待室、休息室等很多功能空间，但教室如果是圆形的则不适用。

质的规定性体现在空间的使用质量。包括交通流线的合理性，以及通风、采光、隔声、温湿度等方面的宜人性。

综上所述，空间设计时需要考虑不同使用者、空间活动形式、尺度和行为等各种因素，从而满足空间的功能要求。

二、无障碍设计

随着科学技术的发展和医疗水平的提高，人类的寿命在延长，身体机能的康复、疾病的有效控制、智能化的设施设备，都给残疾人和老年人高质量的生活带来了新的契机。残障人士融入社会的需求在不断增长，人口老龄化还在加剧，人们对生活质量的要求也在不断提高，因而全社会对无障碍环境建设的要求日益迫切。为残疾人提供必要的居住、出行、工作和平等参与社会活动，方便老年人等弱势人群，构筑现代化、国际化的新型无障碍城市，构建平等、友爱、相互尊重的和谐社会氛围，使城市环境、建筑空间方便所有使用者，根本消除设施上的歧视，成为目前我国环境建设的重要目标。

这便要求环境空间的设计要“以人为本”，将无障碍设计的理念普及到环境空间建设的各个方面，让无障碍环境成为一个系统、连续的整体，才能使我们的生活环境真正安全、便捷、高效、舒适地为所有人服务。

无障碍设计的具体要求有很多，这里限于篇幅，只重点介绍一些无障碍设计的知识，其他相关内容可以查阅有关设计资料。

（一）环境空间中的障碍类型

通过对残疾人和老年人所遇障碍的调查表明，当他们生活和活动时在室内外空间环境中遇到的障碍主要涉及以下三方面。

1. 行动障碍

能否确保残疾人和老年人在水平方向和垂直方向的行动（包括行走及辅助器具的运用等）都能自如且安全，是无障碍设计的主要内容之一。在这方面碰到困难最多的障碍有：

（1）步行困难者。步行困难者是指那些行走起来困难或者有危险的人，他们行走时需要依靠拐杖、平衡器或其他辅助装置。大多数行动不便的高龄老人、一时的残疾者、带假肢者都属于这一类。不平坦的地面、松动的地面、光滑的地面、积水的地面、旋转门、弹簧门、窄小的走道和入口、没有安全抓杆的洗手间等都会给他们带来困难。他们的攀登动作也有一定的困难，因此没有扶手的台阶、踏步较高的台阶及坡度较陡的坡道，对步行困难者往往也构成了障碍。

（2）轮椅使用者。在现有的生活环境中，服务台、营业台以及公用电话等，它们的高度往往不适合乘轮椅者使用；小型电梯、狭窄的出入口或走廊给乘轮椅者的使用和通行带来困难；大多数旅馆没有方便乘轮椅者使用的客房；影剧院和体育场馆没有乘轮椅者观看的席位；很多公共场所的洗手间没有安全抓杆和轮椅专用厕位……，这些都是轮椅使用者会碰到的障碍。此外，台阶、陡坡、长毛地毯、凹凸不平的地面等也都会给轮椅通行带来麻烦。

（3）上肢残疾者。上肢残疾者是指一只手或者两只手以及手臂功能有障碍的人。他们的手的活动范围及握力小于普通人，难以完成各种精巧的动作，灵活性和持续力差，很难完成双手并用的动作。他们常常会碰到栏杆、门把手的形状不合适，各种设备的细微调节发生困难，高处的东西不好取等种种行动障碍。

除了肢体残疾人之外，视力残疾者同样面临很多障碍。对于视力残疾者来说，柱子、墙壁上不必要的突出物和地面上急剧的高低变化都是危险的，应予以避免。总之，空间中不可预见的突然变化，对于残疾人来说，都是比较危险的障碍。

2. 定位障碍

在空间中的准确定位将有助于引导人们的行动，而定位不仅要能感知环境信息，而且还要能对这些信息加以综合分析，从而得出结论并做出判断。视觉残疾、听力残疾以及智力残疾中的弱智或某种辨识障碍都会导致残疾人缺乏或丧失方向感、空间感或辨认房间名称和指示牌的能力。

3. 交换信息障碍

这一类障碍主要出现在听觉和语言障碍的人群中。除了在噪声很大的情况下，完全丧失听觉的人为数不多。大多数听觉和语言障碍者利用辅助手段可以听见声音，此外还可以用哑语或文字等手段进行信息传递。但是，在出现灾害的情况下，信息就难以传达了。在发生紧急情况下，警报器对于听觉障碍者是无效的，点灭式的视觉信号可以传递信息，但在睡眠时则无效，这时枕头振动装置较为有效。另外，门铃或电话在设置听觉信号的同时还应该有明显的易于识别的视觉信号。

（二）行动障碍者的人体尺度

人体尺度及其活动范围，是环境设计和建筑空间设计的主要依据。然而，以健全人尺度为参数进行的设施设计，往往不适合行动障碍者使用，甚至给他们参与社会活动造成了障碍。因此，全方位考虑人体尺度、活动范围及其行为特征，包括残疾人、老年人等弱势群体的尺度、空间，成为迈向通用设计最为重要的一步。

1. 健全人的人体尺度

健全人在其一生的成长过程中，人体尺寸也是不断发生变化的，或由衰老、饮食引起，或由运动环境所致。成年人自然站立身高比立正时低 20 ~ 30mm，而老年人因存在驼背现象，所测身高比成年人低 50 ~ 100mm。图 3-3 所引用测量数据的依据是亨利 · 德莱弗斯（Henry Dreyfuss，1904—1972 年）的《男性与女性的测量——设计中的人文因素》。平均身高按男性 1740mm（净）、女性 1610mm（净）统计。图中所标示的数字 1、50、99 是

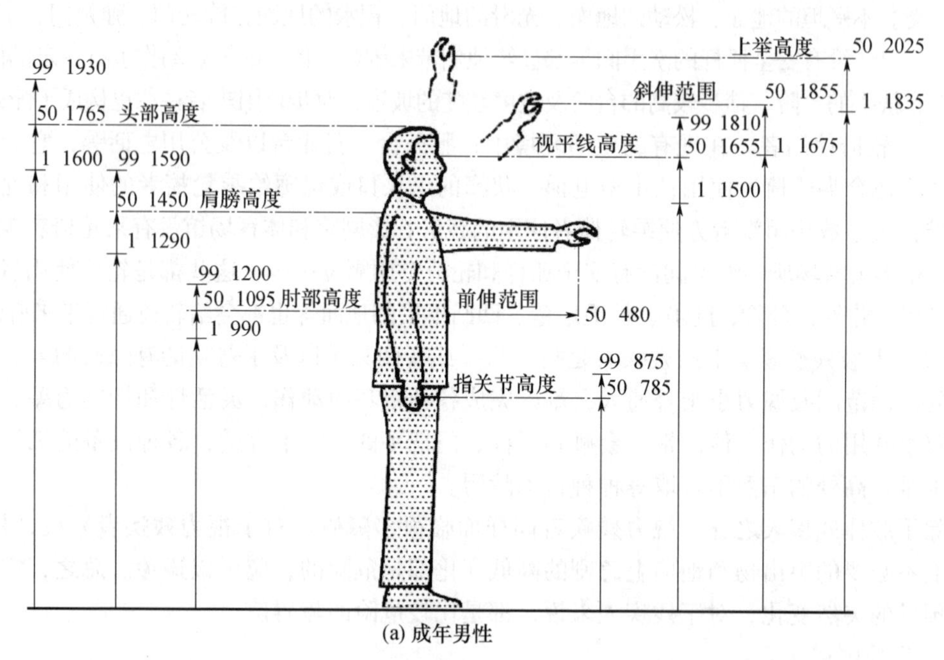

(a) 成年男性

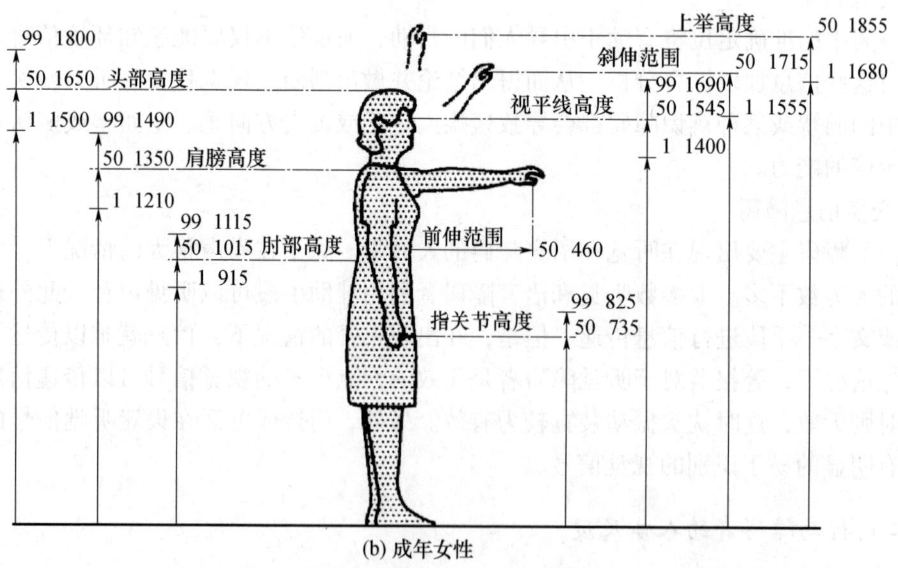

(b) 成年女性

图 3-3　健康成年人的身体尺度

指按高低顺序排列的每100人中抽取的第1、第50和第99人，以增加对平均身高测算的准确性。我国现使用5、50、95的模式。

2. 拄拐者的身体尺度

拄拐杖或使用助行器的移动困难者因其所借助工具不同，个人移动能力的困难程度不同，所影响的活动空间范围也有所不同。图3-4所示的是在使用各类助行工具时，他们正面所需的空间尺度及动作幅度尺寸。

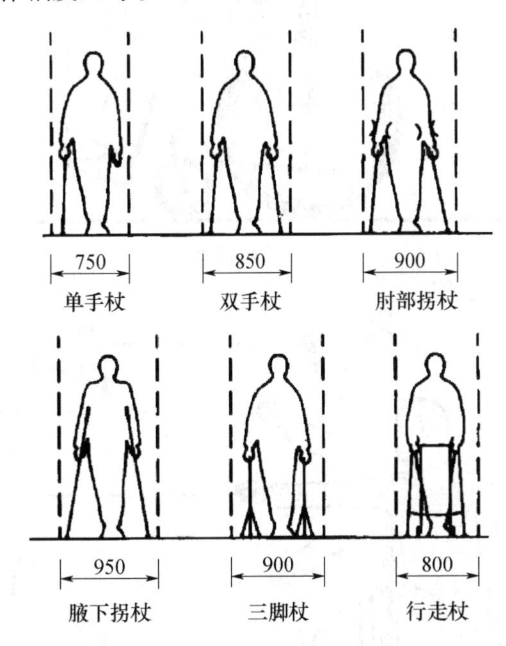

图3-4　拄拐者正面行走所需空间

3. 轮椅使用者的活动尺度

轮椅使用者因其身体受辅助工具尺寸的限制需要更多的活动空间。图3-5中所示乘轮椅者的活动范围数据主要来源于亨利·德莱弗斯。一般情况下，成年男性乘轮椅者的视线高度为1100～1300mm，对前方的触及范围约为550～650mm，上举高度约为1600～1650mm，手向侧面伸出时的横向触及范围约为600～800mm，手的触摸高度侧面为1250～1350mm，正面为1150～1200mm。图3-6为女性乘轮椅者活动范围。

乘轮椅者行动时考虑到握住两侧手轮肘部的活动空间，其通行宽度应在800mm以上。转动轮椅时，因转动方式、身体情况不同而各异，但平坦地面上转动时所需的最小尺寸为直径1500mm的圆。轮椅代步能够“迈过”的地面高差很小，通常情况下即使是20～30mm的小高差也很困难，电动轮椅乘坐者勉强可以通过30～50mm的地面高差。

4. 视觉障碍者的行动尺度

视觉障碍者的出行方式通常以徒步为主，从人体尺度上分析，盲杖等导向用具的使用受其行动方式的影响，也会占用一定的活动空间。盲杖敲击地面行走的幅度约900～1200mm（图3-7），当视觉障碍者沿墙根、马路边等跟踪行走时，一般与参照物保持约200～250mm的距离。

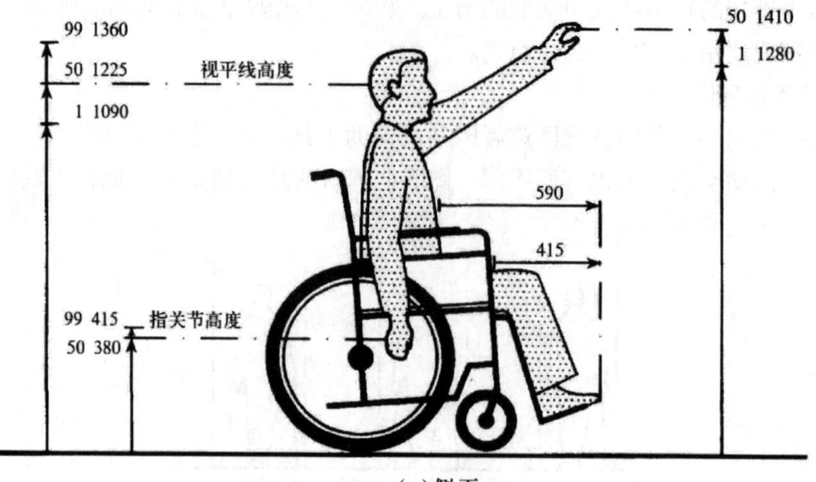

(a) 侧 面

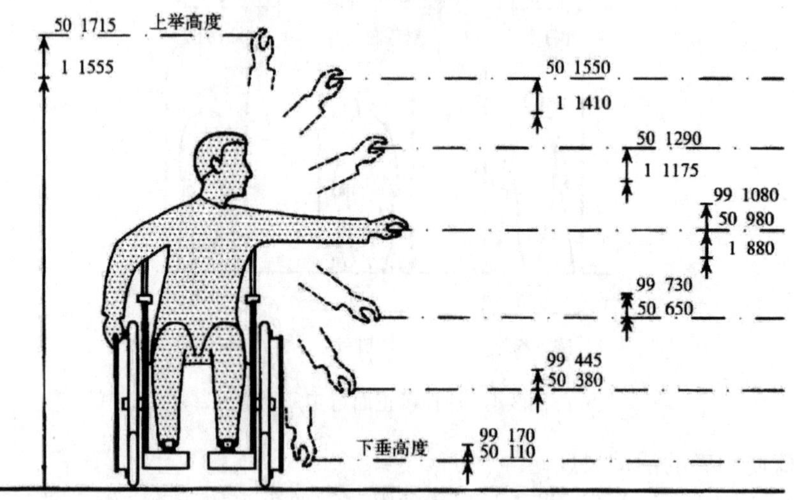

(b) 正 面

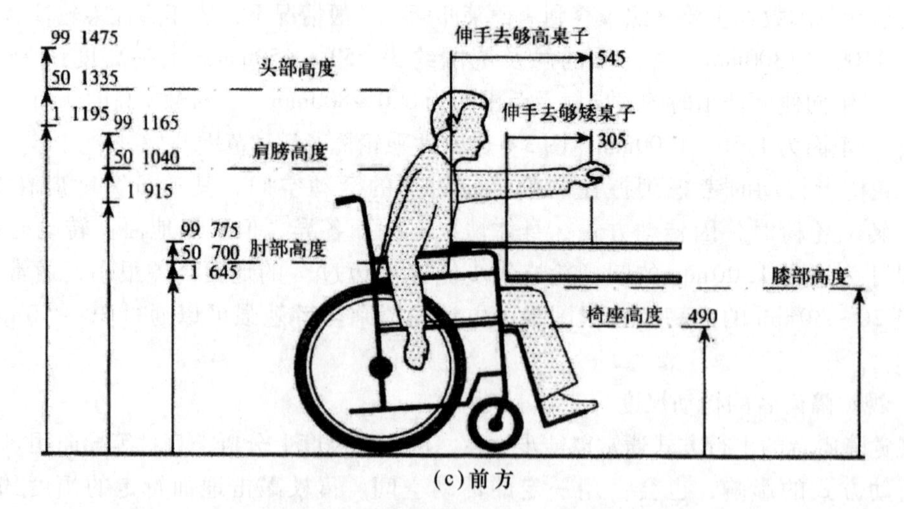

(c) 前方

图 3-5　男性轮椅使用者的活动尺度

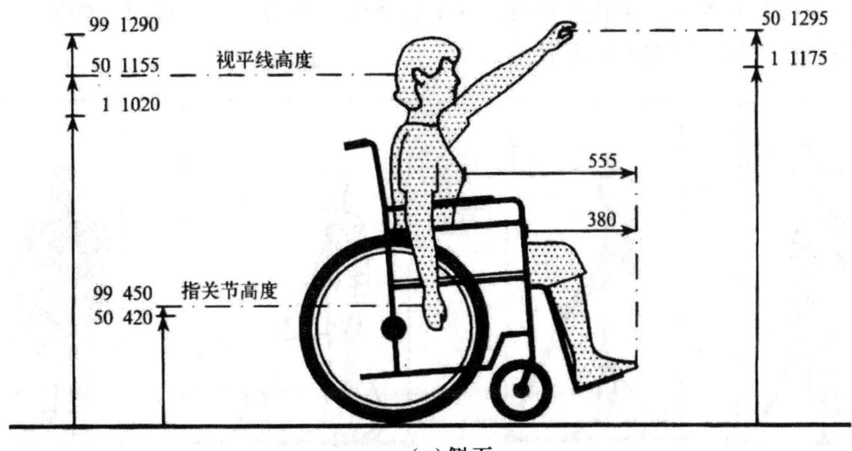

(a)侧 面

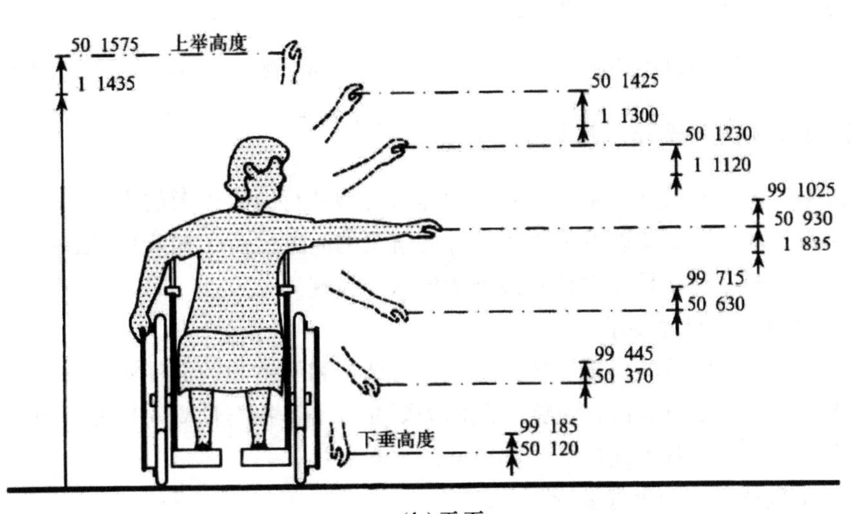

(b)正 面

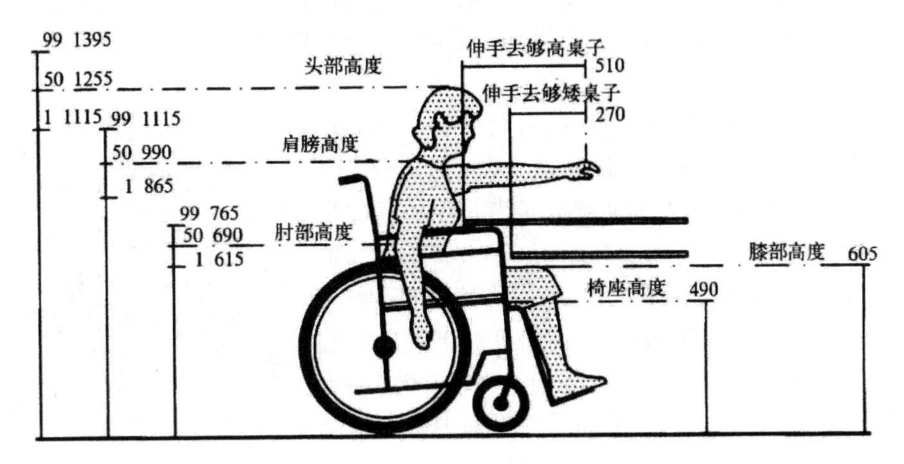

(c)前 方

图 3-6 女性轮椅使用者的活动尺度

此外，导盲犬的投入使用越发常见，在分析视觉障碍者人体尺度时，应同步考虑导盲犬所占用的活动空间，如图 3-8 所示。

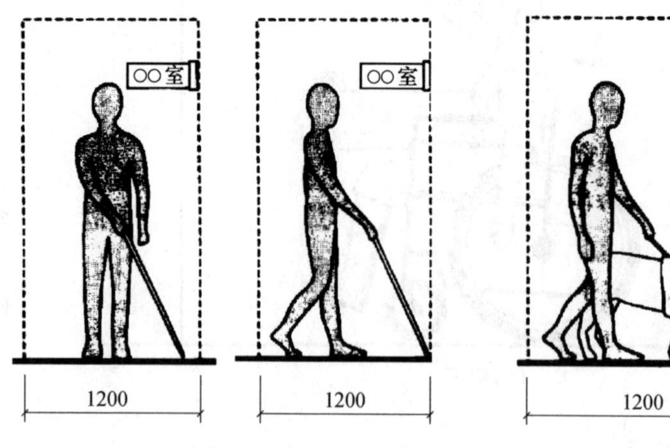

图 3-7　盲杖触及范围

图 3-8　视觉障碍者与导盲犬活动尺度

（三）主要要素的无障碍设计

根据以上对无障碍设计对象、空间中的障碍类型和行动障碍者的人体尺度的分析，我们对无障碍设计的服务对象以及无障碍设计要解决的问题已有了初步认识，接下来，我们进一步探讨无障碍设计在具体设计实践中的要求与体现。

1. 轮椅及其空间尺寸要求

轮椅是目前最为常见的代步工具，由许多可调节和能拆卸的部件构成，是失去行走功能的残疾人、老年人的重要助行设施。我们需要充分了解各类轮椅的尺度参数，才能更好地进行空间设计，满足各类残疾人活动空间的需求。

（1）标准轮椅的空间尺寸要求

标准轮椅（图 3-9）目前应用最为广泛的一种是可折叠的手动式标准轮椅，充气式轮胎，可拆卸的扶手，可转动方向、可拆卸、可调节高度的脚踏。分为供成人和儿童使用的两种。

图 3-9　标准轮椅

标准轮椅的空间尺寸一般为：正面宽 620 ~ 650mm，折叠后 320mm，侧面长 1050 ~ 1100mm，从地面到座位中心的高度为 450 ~ 470mm，从地面到轮椅背把手的高度为 920 ~ 980mm，到扶手上表面的高度为 670 ~ 750mm，见图 3-10 所示。其靠背倾斜度为 5° ~ 6°，大轮直径 580 ~ 620mm，小轮直径 180 ~ 200mm。原地旋转 90°，所需最小空间是 1350mm × 1350mm；以轮轴中心为轴旋转 180°，所需最小空间是 1700mm × 1400mm；以轮轴中心为轴旋转 360°，所需最小空间是 1700mm × 1700mm；原地小回转 360°，所需最小直径是 1500mm。其旋转的移动面积参数图 3-11 所示，（a）为转身所需要的最小尺寸；（b）为 90°方向转身所需要的最小尺寸；（c）为 90°角通过所需要的最小尺寸；（d）为 180°方向转身所需要的最小尺寸；（e）表示以轮椅为中心180°、360°转身所需要的最小尺寸；(f) 是以单面车轮为中心360°转身所需要的最小尺寸。

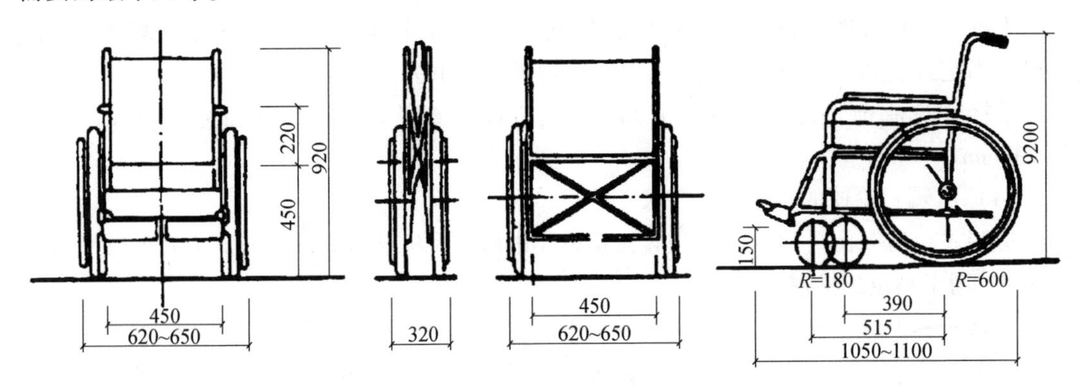

图3-10　标准手动轮椅的主要参数

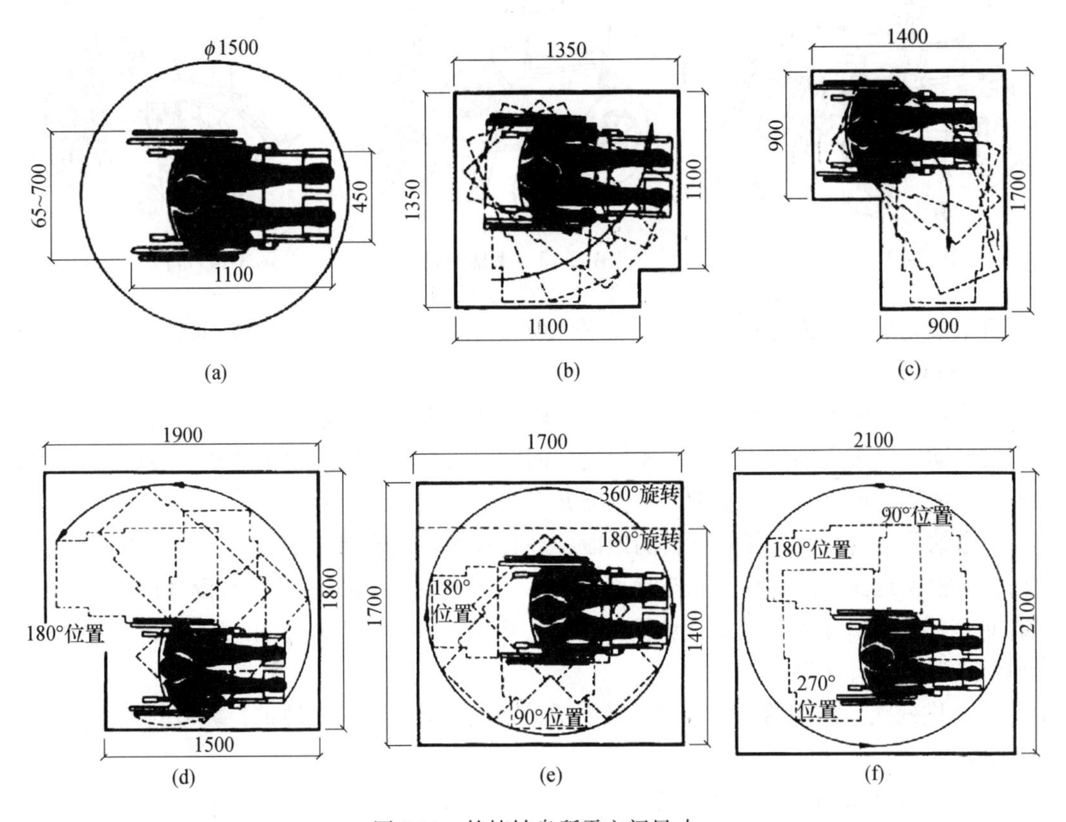

图3-11　轮椅转身所需空间尺寸

(2) 电动轮椅的空间尺寸要求

电动轮椅（图3-12）以能够充电的蓄电池为动力，具有多种操控方式，如手或前臂操纵、下颚操纵以及呼吸和眼睛控制等，满足手动轮椅使用困难的残疾人。

电动轮椅的空间尺寸一般为：小型电动轮椅长890mm、宽630mm；大型电动轮椅长1110mm、宽670mm。旋转时的移动面积参数为：原地旋转90°，所需最小空间是1800mm×1500mm；原地旋转180°，所需最小空间是1900mm×1800mm；原地旋转360°，所需最小空间是 2100mm×2100mm。

（3）手推型轮椅的空间尺寸要求

手推型轮椅（图 3-13）是由他人推动的轮椅。主要作为护理使用，固定的脚踏，其扶手可为固定式、开放式或拆卸式，需要时靠背可以折下去。

手推式轮椅充气式后轮直径 310mm，实心前轮直径 205mm；正面宽 635mm，侧面长 790mm。

（4）可躺式轮椅的空间尺寸要求

可躺式轮椅（图 3-14）具有位置被提升了的脚踏和完全倾斜的靠背。靠背能够向后倾斜 30°，用于高位颈椎损伤患者。

图 3-12　电动轮椅　　图 3-13　手推型轮椅　　图 3-14　可躺式轮椅

可躺式轮椅：正面宽 635mm，侧面长 1300mm；靠背放下时，长 1750mm。

2. 坡道设计

台阶在空间中到处可见，但是对于乘坐轮椅的人来说，哪怕是一级台阶的高差也会给他们的行动造成极大的障碍。为了避免这一问题，很多空间中设置了坡道。坡道不仅对坐轮椅的人适用，而且对于高龄者以及推婴儿车的母亲来说也十分方便。

坡道的位置要设在方便和醒目的地段，并悬挂国际无障碍通用标志。关于坡道形式的设计，应根据地面高差的程度和空地面积的大小及周围环境等因素，可设计成直线形、L 形或 U 字形等。为了避免轮椅在坡面上的重心产生倾斜而发生摔倒的危险，坡道不应设计成圆形或弧形，具体设计如下：

（1）供残疾人使用的门厅、过厅及走道等地面有高差时应设坡道，坡道的宽度不应小于 0. 90m。

（2）每段坡道的宽度、允许最大高度和水平长度，应符合表 3-1 的规定。

表 3-1　每段坡道的宽度、允许最大高度和水平长度

坡道坡度（高/长）	*1/8	*1/10	1/12
每段坡道宽度（m）	0. 35	0. 60	0. 75
每段坡道的宽度、允许最大高度和水平长度（m）	2. 80	6. 00	9. 00

注：加*者只适用于受场地限制的改造、扩建的建筑物。在有条件的地方，将坡度做成 1/16 或 1/20 则更为理想、安全和适用。

（3）每段坡道的高度和水平长度超过表 3-1 的规定时，应在坡道中间设休息平台，休息平台的深度不应小于1.20m。

（4）坡道转弯时应设休息平台，设休息平台的深度不应小于1.50m。

（5）在坡道的起点和终点，应有坡道不小于1.50m的轮椅缓冲地带。

（6）坡道两侧应在0.90m高度设扶手，两段坡道之间的扶手应保持连贯。

（7）坡道的起点和终点处的扶手，应水平延伸0.30m以上。

（8）坡道侧面凌空时，在栏杆下端应设高度不小于50mm的安全挡台，如图3-15所示。

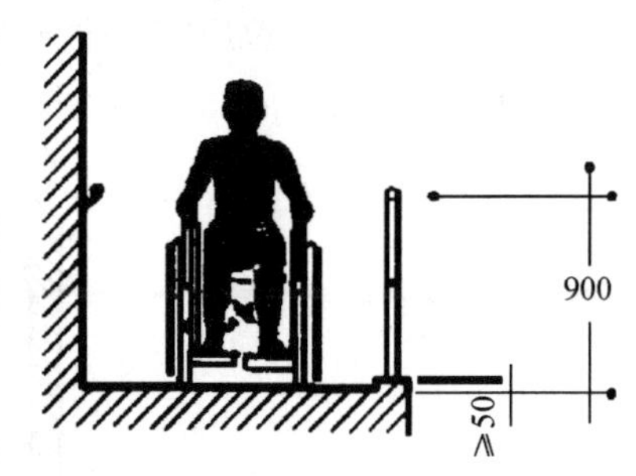

图3-15　安全挡台（尺寸：mm）

3. 楼梯和台阶

楼梯和台阶是实现垂直交通的重要设施。楼梯和台阶的设计不仅要考虑健全人的使用需要，同时也要考虑残疾人和老年人的使用需求。

楼梯和台阶的位置应该易于发现，光线要明亮。在踏步起点和终点250～300mm处，应设置宽400～600mm的提示盲道，告诉视觉残疾者楼梯所在的位置和踏步的起点及终点（图3-16）。另外，如果楼梯下部能够通行的话，应该保持2200mm的净空高度；高度不够的位置，应该设置安全栏杆，阻隔人们进入，以免发生碰撞事故。

楼梯的形式以每层两跑或者三跑直线形梯段最为适宜，应该避免采用单跑式楼梯、弧形楼梯和旋转楼梯。此外，应采用有休息平台的楼梯，且在平台上尽量不设置踏步。楼梯两侧扶手的下方也需设置高50mm的踏步安全挡台，以防止拐杖向侧面滑出而造成摔伤（图3-17）。

当残疾人使用拐杖时其接触地面的面积很小，很容易打滑。因此，踏步的面层应采用不易打滑的材料并在前缘设置防滑条。设计中应避免只有踏面而没有踢面的漏空踏步，因为这种形式容易造成拐杖向前滑出而摔倒致伤的事故，给下肢不自由的人们或依靠辅助装置行走的人们带来麻烦。另外亦不应采用凸缘为直角形的踏步。

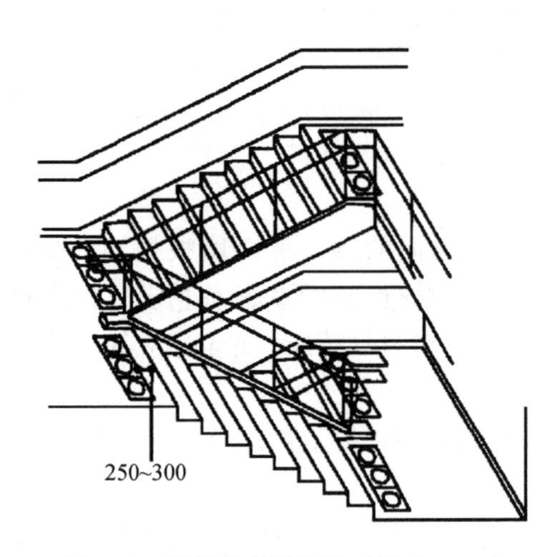

图3-16　楼梯的盲道位置（尺寸：mm）

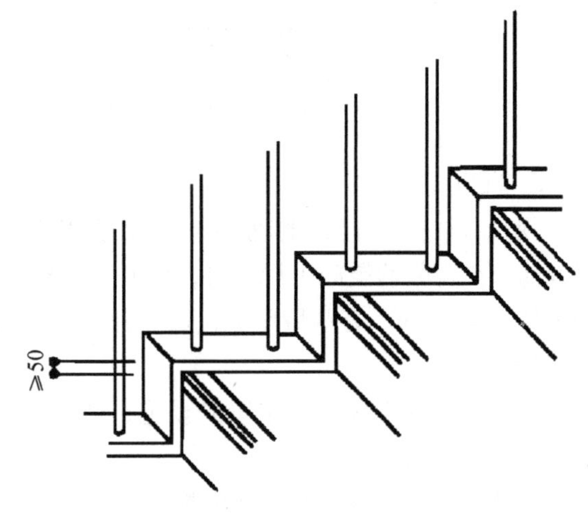

图3-17　踏步安全挡台（尺寸：mm）

4. 公共卫生间

公共卫生间的设计必须满足无障碍，达到方便、安全、舒适的要求，各部分的设计考虑如下：

首先，公共卫生间应设残疾人厕位，卫生间内部应留有 1. 50m × 1. 50m 轮椅回转面积。

其次，残疾人厕位应安装坐式大便器，与其他部分之间至少应用活动帘子加以分隔；隔间的门向外开时，隔间内的轮椅面积不应小于 1. 20m ×0. 8m，如图 3-18 所示。

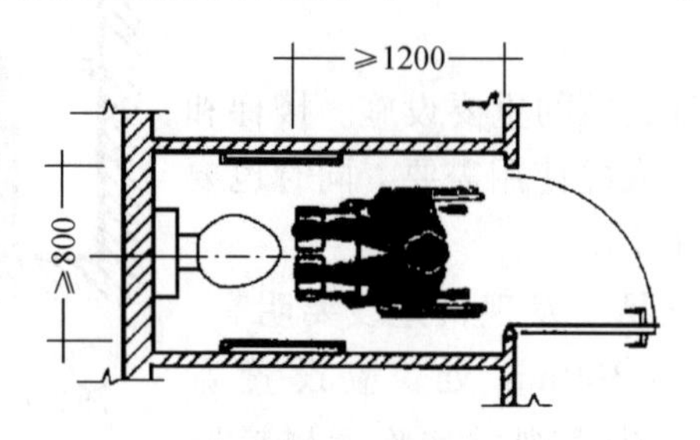

图 3-18　残疾人卫生间（尺寸：mm）

另外，男卫生间应该设置残疾人的小便器。

最后，在大便器和小便器临近的墙上，应安装能承受身体重量的安全抓杆，如图 3-19 和图 3-20 所示。抓杆直径应为 30 ~40mm。

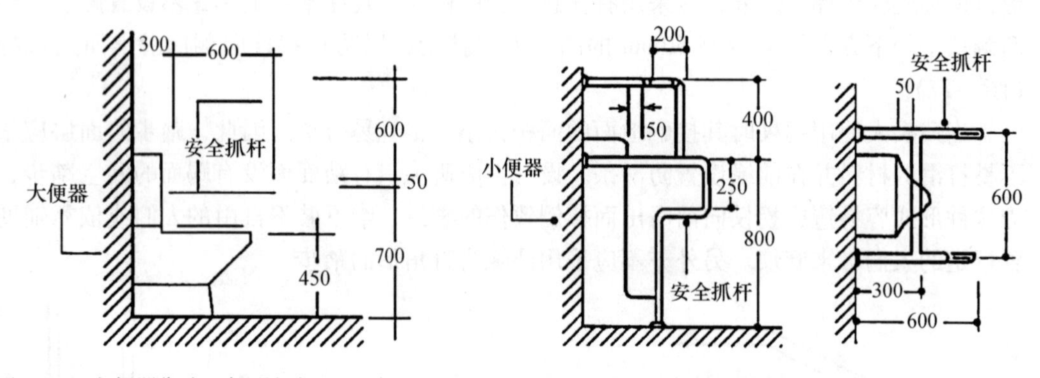

图 3-19　大便器靠墙一侧设抓杆（尺寸：mm）　　图 3-20　小便器前设抓杆（尺寸：mm）

5. 盲道

视残者往往在盲杖的辅助下沿墙壁或栏杆行走，他们的脚一般离墙根处约 300 ~ 350mm；在宽敞的空间中行走时，他们会用盲杖做左右扫描行动以了解地面情况，扫描的幅度约为 900mm。有些情况下，视残者也通过电子仪器、红外线感应、光电感应等传感器来指导行动。

盲道是为视觉残疾者布置的设施，通过改变地面的肌理来提示视残者，图 3-21 即为常见的盲道形式。

除此之外，盲文、触摸式的标志或符号、发声标志、强烈的色彩对比也可以为视残者提供各种帮助（图 3-22）。

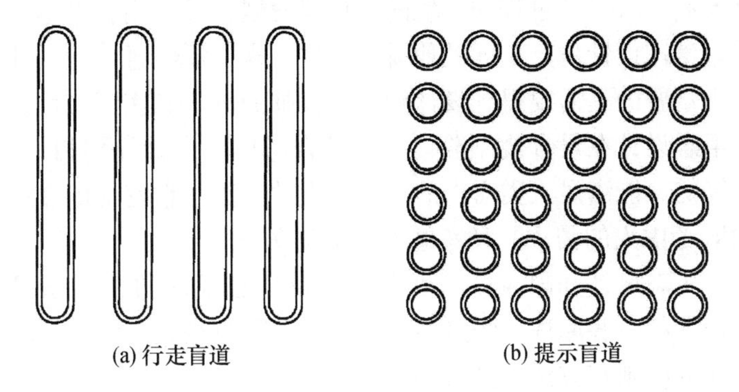

图 3-21　常用盲道图案

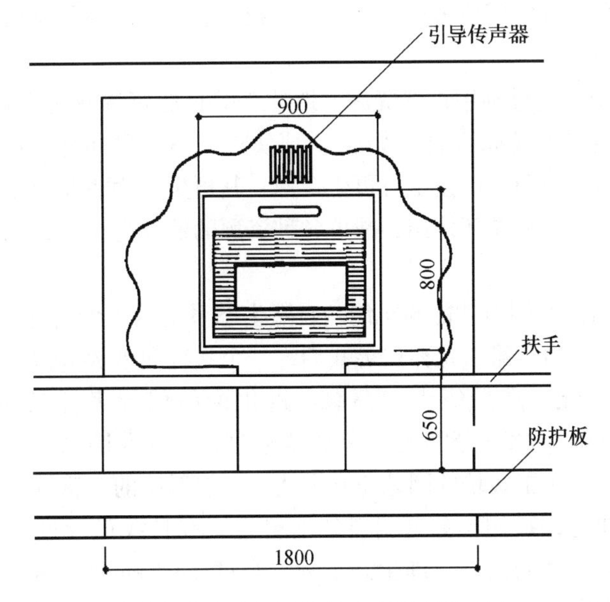

图 3-22　盲文加上语音提示的触摸式平面图（尺寸：mm）

第二节　关注生态与可持续发展

在本书第一章，我们已就“可持续发展”的战略内涵做了详尽的解析，这里，我们再强调下生态设计的理念，以及在环境空间设计中贯彻生态设计和可持续发展观念的必要性。

当今世界环境恶化，生态问题严重，它深刻地影响了人类社会、经济、生活的各个层面。西姆·范·德·莱恩和 S. 考沃（1996）认为：任何与生态过程相协调，尽量使其对环境的破坏影响达到最小的设计形式都称为生态设计，这种协调意味着设计尊重物种多样性，减少对资源的掠夺，保持营养和水循环，维持环境质量，以改善人居环境及生态系统的健康。生态设计为我们提供一个统一的框架，帮助我们重新审视对产品、生产过程、景观、城市、建筑的设计以及人们的日常生活方式和行为。简单地说，生态设计是对自然过程的有效适应及结合，它需要对设计途径给环境带来的冲击进行全面的衡量。

生态设计是人们寻求设计过程和环境的可持续发展，寻求用生态学的方法解决环境与生态问题的结果。生态设计的产生同其他科学发展一样，需经过试验、社会承认与社会需要等阶段，而最为重要的是需要得到设计师、工程师的承认和实际应用，即需要在观念上树立生态意识。生态设计在设计规划阶段需要综合考虑与设计计划相关的生态环境问题，设计出对环境友好的又能满足人类需求的一种新设计方法。它使得传统的设计从“以人为本”的设计转向既考虑人的需求，又考虑生态系统安全。

目前，国际上生态设计和国内关于生态设计及生态规划的相关原理，都结合了环境学、生态学及工程学的一些原理，经过生态设计的实践与经验总结，国际上逐渐形成了几条公认的生态设计的原则与方法。具体如下：

（1）尊重自然、整体优先的设计原则。建立正确的人与自然的关系，尊重自然、保护自然，尽量小地对原始自然环境进行变动。局部利益必须服从整体利益，短期利益必须服从长远的、持续性的利益。

（2）同环境协调，充分利用自然资源。地球上的自然资源有再生资源（如水、森林、动物等）和不可再生资源（如石油、煤等）。要实现人类生存环境的可持续，必须对不可再生资源合理、节约地使用。即使是可再生资源，其再生能力也是有限的。对能源的高效利用、对资源的充分利用和循环使用，减少各种资源的消耗是生态设计的基本出发点，提倡“5R”原则。

（3）发挥自然的生态调节功能与机制。自然生态系统是一个具有自组织和自我设计能力的动态平衡系统。热力学第二定律告诉我们，一个系统向外界开放，吸收能量、物质和信息时，就会不断进化，从低级走向高级。进化论的倡导者托马斯·亨利·赫胥黎（Thomas Henry Huxley，1825—1895年）就曾描述过，一个花园当无人照料时，便会有当地的杂草侵入，最终将人工栽培的园艺花卉淘汰。自然系统的丰富性和复杂性远远超出人的设计能力。与其如此，我们不如开启自然的自组织或自我设计过程。自然的自设计能力，导致了一个新的领域的出现，即生态工程（Ecological engineering）。传统工程是用新的结构和过程来取代自然，而生态工程则是用自然的结构和过程来设计的。自然系统的这种自我设计能力在环境设计上有广泛的应用前景。

（4）生态设计的经济性原则。生态设计是经济的，生态和经济在本质上是同一的，生态学就是自然的经济学（nature’s economy）。两者之所以会有当今的矛盾，原因在于我们对经济理解的不完全性和衡量经济的以当代人和以人类为中心的价值偏差。生态设计则强调多目标的、完全的经济性（环境的经济性）。生态设计的目的是要使生态学的竞争、共生、再生和自生原理得到充分的体现，资源得以高效利用、人与自然高度和谐。生态学设计理念提倡的是适度消费思想，倡导节约型的生活方式，反对空间环境的奢侈铺张。在设计中充分考虑资源的节约和利用，以满足后代的需要。

伊甸园全球植物展览馆（图3-23、图3-24）是生态化空间设计的代表作品。伊甸园全球植物展览馆由格雷姆肖建筑设计事务所（Grimshaw Architects）担当设计。一连串晶莹剔透结合地形自由排布的玻璃穹隆被设计师格雷姆肖（Nicholas Grimshaw，1939—）称为生物穹隆的玻璃体，自然而又充满动感，其形态让人联想到自然界很多的生物形态，而产生这种形态的设计构思则来源于对能源消耗和生态环境可持续循环的关注。伊甸园2001年建于英国康沃尔郡圣奥斯特尔附近的废旧土矿坑里。它由7座穹顶状建筑连接组成，外形像巨大的昆虫复眼，尽可能地使室内空间伸展变化，纵向跨度长达240m。其中“潮湿热带馆”最大，占地近1.6万m^2。高55m、长200m，穹顶架由钢管构成，拼成尺寸9m大小的六角形，中间用半透明的ETFE四氟乙烯薄膜填充，重量只有玻璃的百分之一，并具有良好的保温性。整个伊甸园7个气泡有的相连，有的分开，散落在山谷之间。清晰的气泡相连，构成一组庞大的建筑空间。它们构成三个部分：室外生物群空间、雨林生物群空间和地中海生物群空间。伊甸园共栽种了100多万棵植物，品种多达5000余种，来自世界各个地方，其中不乏珍稀品种。这些植物能帮助调节室内的气候，当气温变得过热时，植物可以释放更多的水分来降低温度。各馆内除了植物之外，还放养各种适应不同生态区环境的鸟类、昆虫和爬行动物等，以帮助消灭害虫，控制生态。建筑师与园艺造景师们因地制宜，利用凹凸不平的地表设计出瀑布、溪流、山径、热带住屋、农田，感觉在大自然的丛林中一样。他们还就地取材，将陶土矿的废弃物改良成适宜植物生长的土壤，充分显出这一建筑空间的生态化特征。

图3-23　伊甸园全球植物展览馆鸟瞰图

图3-24　伊甸园全球植物展览馆效果图

第三节　情感与技术的辩证统一

当前，高科技正在改变着世界，很多学科和行业已经消失了，同时也正在重塑很多学科和行业。空间设计作为一门古老而又年轻的学科，应该与时俱进，拿起高科技这个武器来进行创作，才能有所创新。

一、运用现代科技突出时代特征

历史上，空间设计领域一直存在以高科技含量著称的“高技化风格”。“高技化风格”源于20世纪二三十年代的机器美学，反映了当时以机械为代表的技术特点。50年代，美国等发达国家要建造超高层大楼，混凝土结构已无法达到其要求，于是开始使用钢结构。为减轻荷载，又大量采用玻璃，如巴黎的蓬皮杜中心和香港汇丰银行工程。到70年代，工业社会急速发展，新材料、新技术不断涌现。设计师把航天材料和技术掺和在建筑技术之中，用金属结构、铝材、玻璃等技术结合起来构筑成一种新的建筑结构元素和视觉元素，逐渐形成一种成熟的建筑设计语言，因其技术含量高而被称为“高技派”。近年来，以节能和减少污染为主的生态观念成为重要议题，高技派建筑越来越从对技术形象的表现走向对地区文化、历史环境和生态平衡的重视。当代高技化空间设计代表实例为瑞士再保险大厦、“水立方”与罗斯太空中心等。

当今高技化空间设计风格的特征表现为：

（1）强调工业时代材料特征。主张用最新的工业时代的材料来装配建筑，强调工业时代材料特征。如用高强钢、硬铝、塑料和各种化学制品来制造体量轻、用料少的建筑空间，采用恒温恒湿、建筑节能及太阳能源利用设施。

（2）强调结构形态的美学价值。推崇形态各异的技术结构体系，常采用对比、类推、共生、重复、秩序等结构形式来构成空间，如格雷姆肖的钢梁、钢索、桅杆的帆船式结构和独创的外张式幕墙系统，霍普金斯的帐篷结构，皮阿诺的单元式膜结构。把现代主义设计中的技术因素提炼出来，加以夸张处理，形成一种符号的效果，赋予工业结构、工业构造和机械部件一种新的美学价值和意义。

（3）强调夸张、暴露的造型手法。强调新技术与艺术性结合，以夸张、暴露的手法塑造空间形象，常常将建筑外部与内部空间暴露梁板、网架等结构构件以及风管、线缆等各种设备和管道。强调工艺技术与时代感，有时将复杂的结构部件涂上鲜艳的色彩，以表现高科技时代的“机械美”“时代美”。

二、注重人的情感和文化要求

在强调突出高技术魅力的时代，人们也同样重视情感和文化的需要。在这方面，查尔斯·W·摩尔（Charles W. Moore，1925—1993年）于1974—1978年设计的美国新奥尔良意大利广场（Piazza Italia）堪称典范（图3-25、图3-26）。

设计立足于为新奥尔良的意大利侨民建立一个具有归属感的城市空间，通过运用古典建筑符号在一个圆形广场的一侧用六段墙壁组成了一个热烈而又离奇的舞台布景：多彩的布景暗示着故乡的颜色，经过变形处理的柱式能唤起历史的回忆，布景中喷出的水柱模仿着陶立克柱式，不锈钢包裹柱身，霓虹管衬托着柱头。堪称幽默的是，设计师还将自己的头像嵌进拱门上方的两侧，口中喷出的水柱加强了拱门的仪式性，而在其后略微高出的黄色拱门则通向后面的餐馆。

圆形广场的铺地以黑白花岗石相间构成，并以同心圆的方式层层向内收缩，产生一种向心的动态效果。从圆心到舞台布景的区域内，摩尔设计了一个意大利地图造型的装饰作为点睛之笔，它分成若干台阶，以卵石、板岩、大理石和镜面瓷砖砌成，置于象征地中海的水池之中。在整个造型的最高处有瀑布流出，被分成三股，象征意大利的三大河流。所有这些元素都似乎不断地向参观者讲述着意大利。广场的界面以重叠的手法构成，造成边界含糊之感，从而使广场的性格显得生动而又诙谐[①]。

图 3-25 意大利广场正面

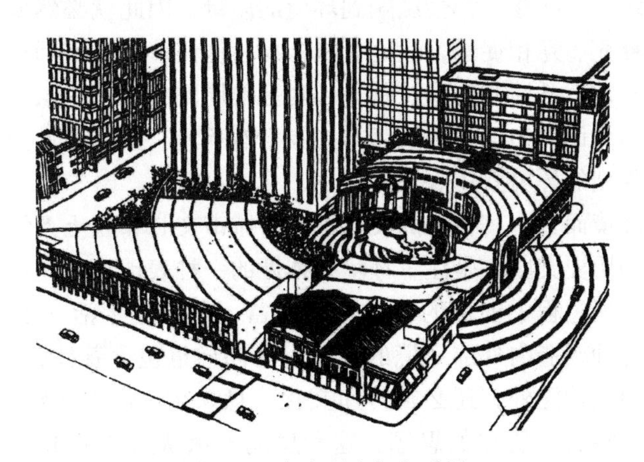

图 3-26 意大利广场鸟瞰图

事实上，意大利广场规模很小，加上地面的水池及各种造型，人在广场内可活动的区域很少，但它却是一个可以唤起回忆的地方，是一个可以满足意大利侨民情感和文化需要的场所。

① 蔡永洁．城市广场：历史脉络、发展动力、空间品质［M］．南京：东南大学出版社，2006：115.

第四节　注重环境整体性

注重环境整体性是空间设计中经常强调的原则。设计必须从环境的整体观出发，协调各层次、各部分、各元素间的关系，使空间环境成为一个完整的整体，体现出整体的魅力和气势。

具体来说，环境空间设计的整体性是指：（1）应具备环境整体观念，各层次、各部分环境衔接良好，符合空间类型的性格、功能特点和建造方式，与各独立性功能空间既分隔又联系；（2）环境空间内各组成部分之间应有组织地构成有机整体，相互之间有紧密的联系，空间序列完整，富于节奏感。

以现代的环境意识来看，环境可分成三个层次，即宏观环境、中观环境和微观环境，它们各自又有着不同的内涵和特点。

宏观环境的范围和规模非常之大，其内容常包括太空、大气、山川森林、平原草地、城镇及乡村等，涉及的设计行业常有：国土规划、区域规划、城市及乡镇规划、风景区规划等。

中观环境常指社区、街坊、建筑物群体及单体、公园、室外环境等，涉及的设计行业主要是：城市设计、建筑设计、室外环境设计、园林设计等。

微观环境一般常指各类建筑物的内部环境，涉及的设计行业常包括：室内设计、工业产品造型设计等。

环境空间设计的范围很广，有可能同时涉及宏观环境、中观环境和微观环境等各个层次，因此需要从环境整体性的角度出发，综合考虑各方面的因素。即使仅仅涉及其中的一个子系统，也应该认识到它和其他子系统间存在着互相制约、互相影响、相辅相成的关系。任何一个子系统出了问题，都会影响到环境的质量，因此就必然要求各子系统之间能够互相协调、互相补充、互相促进，达到有机匹配。据说著名建筑师贝聿铭先生在踏勘北京香山饭店的基地时，就邀请其他设计师一起对基地周围的地势、景色、邻近的原有建筑等进行仔细考察，商议设计中的香山饭店与周围自然环境、室内设计间的联系。这一实例充分反映出设计师强烈的环境整体观。

此外，就城市环境而言，其特有的文化氛围、城市文脉和风土人情等也是空间组成的一部分，尊重城市的历史文脉亦是注重环境整体性的一种表现。

文化是人类在发展过程中创造的一种精神财富，是人类生活、工作等方方面面的体现。现代空间设计这种改造内外部环境的创造行为同样也包含着社会生活中的文化活动。因此，它除了强调使用功能外，还必须传递文化信息。在现代主义建筑运动盛行的时期，设计界曾经出现过一种否定历史的思潮，这种思潮不承认过去的事物与现在会有某种联系，认为当代人可以脱离历史而随自己的意愿任意行事。随着时代的推移，如今人们已经认识到这种脱离历史、脱离现实生活的世界观是不成熟的，是有欠缺的。人们认识到历史是不可割断的，我们只有研究事物的过去、了解它的发展过程、领会它的变化规律，才能更全面地了解它今天的状况，也才能有助于我们预见到事物的未来，否则就可能陷于凭空构想的境地。因此，在 20 世纪 50 至 60 年代，特别是在 60 年代之后，设计界开始倡导在设计中尊重城市历史文脉，使人类社会的发展具有历史延续性。

尊重城市历史文脉的设计思想要求设计师尽量从当地特有的文化特色、环境特色中吸取灵感，尽量通过现代技术手段而使之重新活跃起来，力争把时代精神与历史文脉有机地熔于一炉。这种设计思想在建筑设计、室内设计、景观设计等领域都得到了强烈的反映，在室内设计领域往往表现得更为详尽，特别是在生活居住、旅游休息和文化娱乐建筑等内部环境中，带有城市特色、乡土风味、地方风格、民族特点的内部环境往往更容易受到人们的欢迎。

第四章　室内空间环境设计与布置

第一节　室内空间与室内空间设计

一、室内空间的概念

现代室内空间设计涵盖的领域十分广阔，不仅包含建筑物的室内设计，也延伸至诸如轮船、车辆和飞行器等的内舱设计。现代室内空间设计作为一门新兴的学科，尽管还只是近数十年的事，但是人们有意识地对自己生活、生产活动的室内进行安排布置，甚至美化装饰，赋予室内环境以特定的气氛，却早已从人类文明初始的时期就已存在。自建筑产生开始，室内设计的发展即同时产生。

与建筑设计相比，室内设计是一个较为年轻的学科。有的学者认为，室内设计是对建筑空间的二次设计，是建筑设计的延续，是建筑生活化的再深入。它是对建筑内部围合空间的重构与再造，使之适应特定的功能需要，符合使用者的目标要求，是对工程技术、工艺、建筑本质、生活方式、视觉艺术等方面进行整合的工程设计。这里我们可以把现代室内空间设计简要地理解为：将人们的环境意识与审美意识相互结合，从建筑内部把握空间的一项活动。具体地说，就是指根据现代室内空间的使用性质和所处的环境，运用物质材料、工艺技术及艺术的手段，创造出功能合理、舒适美观、符合人的生理和心理需求的内部空间，赋予使用者愉悦的，便于生活、工作、学习的理想的居住与工作环境。从广义上说，室内设计是改善人类生存环境的创造性活动，现代室内设计已经在环境设计系列中发展成为独立的新兴学科。

现代室内空间环境是当今人类社会所特有的环境，它由人生活于其中的各种条件、关系、意识形态以及经过改造的自然等因素构成。现代室内空间设计决定着人的社会化程度，决定着人身心发展的内容、方向和水平。现代室内空间设计往往能从一个侧面反映这个时期社会物质和精神生活的特征，并且还和这个时期的哲学思想、美学观点、社会经济、民俗民风等密切相关。现代室内空间设计水平的高低、质量的优劣又都与设计者的专业素质和文化艺术素养等联系在一起。至于各个单项设计最终实施后成果的品位，又和该项工程具体的施工技术、用材质量、设施配置情况，以及与建设者的协调关系密切相关。

现代生活中，人们的行为无时无刻不与周围的环境产生联系，大到自然环境、城市环境，小到居住环境、工作环境、娱乐休闲环境等。人的一生中有超过三分之二的时间是在建筑的室内空间中度过的，室内环境由此成为整个环境体系中不可或缺的重要组成部分，直接影响着人们的生活品质。因此，在设计构思时，设计者既需要运用物质技术手段，即各类装饰材料和设施设备等，还需要遵循建筑美学原理，这是因为室内设计的艺术性，除了有与绘画、雕塑等艺术之间共同的美学法则（如对称、均衡、比例、节奏等）之外，作为“建筑美学”，更需要综合考虑使用功能、结构施工、材料设备、造价标准等多种因素。建筑美学总是和实用、技术、经济等因素联结在一起，这是它有别于绘画、雕塑等纯艺术的差异所在。

二、室内空间设计的内容

室内环境的内容，涉及由界面围成的包括空间形状、空间尺度等的室内空间环境，室内声、光、热环境，室内空气环境等室内客观环境因素。由于人是室内环境设计服务的主体，从人们对室内环境身心感受的角度来分析，主要有室内视觉环境、听觉环境、触感环境、嗅觉环境等，即人们对环境的生理和心理的主观感受，其中又以视觉感受最为直接和强烈。客观环境因素和人们对环境的主观感受，是现代室内环境设计需要探讨和研究的主要问题。

室内环境设计需要考虑的方面很多，从事室内设计的人员虽然不可能全部掌握这些内容，但是应尽可能熟悉有关的基本内容，了解与该室内设计项目关系密切、影响最大的环境因素，使设计时能主动和自觉地考虑诸项因素，也能与有关工种专业人员相互协调、密切配合，有效地提高室内环境设计的内在质量。

（一）室内空间的组织、调整与创造

室内设计的空间组织，包括平面布置，首先需要对原有建筑设计的意图充分理解，对建筑物的总体布局、功能分析、人流动向以及结构体系等有深入的了解，在室内设计时对室内空间和平面布置予以完善、调整或再创造。即对所需要设计的建筑的内部空间进行处理，组织空间秩序，合理安排空间的主次、转承、衔接、对比、统一；在原建筑设计的基础上完善空间的尺度和比例，通过界面围合、限定及造型来重塑空间形态。

（二）功能分析、平面布局与调整

功能分析、平面布局与调整就是根据既定空间的使用人群，从年龄、性别、职业、生活习俗、宗教信仰、文化背景等多方面入手分析，确定其对室内空间的使用功能要求及心理需求，从而通过平面布局及家具与设施的布置来满足物质及精神的功能要求。

（三）界面设计

界面设计，是指对于围合或限定空间的墙面、地面、天花等的造型、色彩、材质、图案、肌理等视觉要素进行设计，同时也需要很好地处理装饰构造，通过一定的技术手段使界面的视觉要素以安全合理、精致、耐久的方式呈现。室内空间界面处理，是确定室内环境基本形体和线形的设计内容，设计时以物质功能和精神功能为依据，考虑相关的客观环境因素和主观的身心感受。

（四）室内物理环境设计

这是现代室内设计中极其重要的一个内容，是确保室内空间与环境安全、舒适、高效利用必不可少的一环。随着科技的发展及在建筑领域的应用拓展，它将越来越多地提高人

们生活、工作、学习、娱乐的环境品质。即为使用者提供舒适的采暖、通风、空气调节等室内气候环境，采光、照明等光环境，隔声、吸声、音质效果等声环境，以及为使用者提供安全的防盗报警、门警、闭路电视监视、安保巡更系统、火灾报警与消防联动系统、紧急广播和紧急呼叫等系统，为使用者提供便捷性服务的结构化综合布线、信息传输、通信网络、办公自动化系统，物业管理系统等。

（五）室内的陈设艺术设计

室内的陈设艺术设计，包括家具、灯具、装饰织物、艺术陈设品、绿化等的设计或选配、布置，相对地可以脱离界面布置于室内空间里。在室内环境中，实用和观赏的作用都极为突出，通常它们都处于视觉中显著的位置。在当今的室内设计中，陈设艺术设计起到软化室内空间、营造艺术氛围、体现个性化品位与格调的作用，并且往往是整体装饰效果中画龙点睛的一笔。

以上五个方面的内容对于室内设计来说并不是孤立存在的，而是相互影响、互为依存的，是一个有机联系的整体：光、色、形体让人们能综合地感受室内环境，光照下界面和家具等是色彩和造型的依托“载体”，灯具、陈设又必须和空间尺度、界面风格相协调。例如，在研究室内空间的组织、塑造其空间形态时，应该同时进行功能分析，并使室内空间在满足一定的使用要求的同时，尽可能地体现艺术审美价值和文化内涵。又如，空间的立体造型是靠地面、墙面、顶面等界面围合或限定而成的，所以界面的设计直接影响到整个空间的视觉形象。再如，空间的色彩设计是以装饰材料为物化介质来表现的，光环境又会改变色彩的真实感和表现力，对空间感又能起到扩大或缩小、活跃或压抑、温暖或冷静等感性作用。

三、现代室内空间设计的趋势分析

在人类社会进入21世纪的今天，现代室内空间设计成长起来并逐渐成为独立的专业，也成为新兴的日新月异的行业，它以其广泛的内涵和自身的规律，顺应着社会的需求而得到发展。随着科技和工业的进步以及现代主义建筑的发展，国际室内设计界思潮叠起，流派纷呈，涌现出大量设计名流及杰出的设计作品，把建筑的功能性和艺术性提高到前所未有的高度。现代室内空间设计将更为重视人们在室内空间中的精神因素的需要和环境的文化内涵。现代室内空间设计呈现出以下的发展趋势。

（一）生态环保的绿色室内设计

绿色室内设计建立在对人类生存环境的关怀基础上，关注地球的生态与人类的生存，有利于减少环境污染，有利于人类的健康。绿色室内设计要求室内环境没有污染、没有公害，在设计中对使用材料做最大限度的利用，不浪费，减小消耗，简洁装修，追求精粹的功能和结构形式，降低成本，不过度装饰，不为追求个性建造病态空间，减少视觉污染，对施工中的粉尘污染、噪声污染、废水废气污染要做最大可能的处理。此外，应做到室内材料或装饰品的循环再利用，通过立法形式提高室内材料的再回收和再利用率，建立合理的建筑材料回收利用机制，推广使用再生材料，改变人们现有的审美观念，普及再生材料的开发和利用。

（二）以人为本的人性化室内设计

室内设计的以人为本原则涉及与人生理和心理相关的人体工程学、环境心理学等学科，以人为本要求设计师深入研究现代人的生理特点和行为心理，以科学的分析和认识为基础，设计出符合人们愿望的、充满人性和亲和力的室内空间。

1. 关注伤残人的无障碍设计

伤残人超过一半的时间是在家中，室内环境的质量与他们的生活密切相关。关怀伤残人的无障碍设计，即为伤残人提供帮助和方便。创造舒适、温馨、安全、便利的现代室内环境的设计，包括轮椅使用的无障碍设计，设计必要的通道宽度和回转半径，厨房操作台、洗脸台的高度，专用淋浴设施设计；视觉（弱视患者、盲人）、听觉（听觉不灵敏或者受到损伤，听觉非常弱甚至丧失能力）、行为能力（身体平衡能力较差、行动不便等）的无障碍设计。

2. 关怀老龄人的人性化设计

人类进入人口老龄化时代，老龄人家居设计成为行业关注重点，人们将更加重视老龄人衣食住行的环境及设施设计，更加重视体现人类临终关怀的特殊医疗环境设计。老龄人独特的生理、心理特征，要求做到：有适当的采光口尺度；最佳的光线亮度分布；最好的建筑朝向，避免眩光出现；避免过多的太阳辐射热进入室内；加强室内绿化；提高室内识别性；不设置门槛，无高度差；卫生间洁具颜色以淡雅为佳，采用淋浴或平底浴盆；适当放大居室门宽，满足护理需要，室内空间环境舒适宜人。

（三）科学与艺术融合的智能化室内设计

现代数字图形技术为室内设计带来便捷与高效，随着 AutoCAD、3DMAX、Photoshop、Maya 等各种辅助设计软件的普及与提高，设计创意通过计算机表现出来，空间关系体验与设计观念验证更加及时准确，智能化设计大大拓宽了人的空间选择视域，也大大缩短了人际空间距离，使远在天涯变为近在咫尺。

智能化室内设计表现在家居室内智能系统的设计使用方面，即环境能源智能管理；安保智能管理及物业智能管理系统的功能与使用设置，包括灯光控制、家电控制、湿度自动控制；背景音乐、家庭影院、视频共享；报警联动控制、远程控制、周界防范、火灾报警、溢水探测、家庭门锁；室内新风、中央除尘、纯水处理、除虫系统；滤波节能、外窗遮阳、电器节能；炊事用具控制、低碳信息服务等，使舒适健康的室内环境具备高度的安全性，具有良好的语言、文字、图像传输通信功能。智能垃圾处理机、自动开盖的智能垃圾桶、智能鞋膜机、自动煤气火险报警、自动吐纸巾的纸巾盒、自动洗菜机、自动炒菜机、便携式智能软体冰箱、智能消毒杀菌鞋柜机、无叶风扇、冷暖两用空调床垫、智能插座、无线烟雾探测器、燃气阀门检测器、智能磁悬浮窗帘等成为人们的平常生活家居用品。

智能化室内设计还表现在公共建筑智能系统的设计使用方面，即中央控制室，负责设备运转监控及安全保卫监控等；咨询中心，由电脑、多功能工作站、电子档案、影像设备的输入和输出装置、微缩阅读及闭路电视等组成；电视会议室，音响、光源、照度及配电等设计。多媒体会议系统是集中体现办公智能化的空间，通过集成各种现代化的声、像、演示设备，并与计算机网络系统、闭路电视系统、智能控制系统相结合，为现代化会议提供多媒体会议的演示环境和手段。配置会议讨论系统、会议扩声系统、大屏幕投影系统、电视电话会议系统和会议签到系统（纳入智能IC卡系统）。室内设计师要通过立面、顶面的造型，确保上述设备和室内空间的有效结合。

第二节　室内空间的界面处理

一、空间界面各部的造型表现

构成室内空间最基本的元素是立面、顶面和地面，简称“三面”。如果说对建筑原空间进行的重新调整划分使我们获得了一个空间的基本形体，那么对空间围合面的具体设计处理就是对空间的具体描绘和深入刻画。就像烹饪要通过选料、调味品的添加、火候和时间的控制以及装盘的讲究，最终获得一盘色香味俱全、又有艺术享受的菜肴一样，目的和手段、形式和内容在这里得到完美的统一。室内设计中，界面围合形成空间，人与空间界面产生交流，人的生理、心理、情感及文化的感受与需求，影响和决定着空间界面的形态与风格，界面设计不应只注重界面本身的设计因素与功能因素，更应与人的生理、心理、情感、文化需求形成有机的联系，形成交流与对话，使界面具有身心的亲和性和文化内涵。一个优美的空间形态的产生、空间氛围的营造、文化品位的确立，需要通过室内空间中不同特质的因素共同形成，而对构成室内空间的基本围合面的设计处理则是室内设计中至关重要的一个环节。

（一）顶棚设计

顶棚作为水平界定空间的实体之一，对界定、强化空间形态、范围及不封闭空间关系有重要作用。另外，顶棚位于空间上部，具有位置高、不受遮挡、透视感强、引人注目的特点。因此通过顶棚的艺术处理，可以起到突出重点，增强方向感、秩序与序列感、宏大与深远感等艺术效果的作用。

顶棚的处理随空间特点的不同，有各式各样的处理手法，一般分为平面式、分层式、悬浮式、发光式、结构式、井格式。

1. 平面式

平面式顶棚的特点是造型简洁、施工简单（图4-1）。其中不吊顶平顶利用原有结构层作基层，表面涂刷各种涂料饰面，节省了顶面项目的装修费用，也缩短了装修工期。由于不吊顶，保持了室内原有净高，在视觉上给人以简洁或单纯的效果。常用木装饰线或石膏装饰线在顶面形成图案，结合色彩和质感的变化以及灯饰的补充来丰富顶面的表现力。

吊顶平顶除具备不吊顶的装饰效果外，其变化更丰富。它可以用两种或两种以上的吊顶材料组合造型，还可以采用倾斜面与水平面组合使用。另外，由于可使用镶嵌式灯具和形成发光顶面而使顶面的变化更加丰富。

2. 分层式

分层式顶棚有两层和多层之分。常见分层方法是沿墙四周下沉或是在局部下沉，形成上层面、下层面和上下层面的转折面，三个面可用相同或不同的材料饰面。

图 4-1　平面式天棚简洁大方，具有现代感

分层顶棚上下层的转折面可以是垂直面、斜面或弧形面。转折面常常是变换色彩、质感和装饰图案的部位，一般可在与上层面断开处设置暗藏灯改变室内的光环境。转折面的轮廓造型变化形式较多，有直线的、折线的或曲线的（图 4-2）。

分层顶上下层的面积大小分配应对比分明，一般以最上层或最下层面积为最大，当以上层为主时，上层为面状，下层为点状或线状，反之以下层为主时，下层为面状，上层为点状或线状。应避免上下层面积大小相近的处理方法，以保证顶面造型结构的清晰。

局部吊顶分层顶是其上层面利用原结构层作基面的做法，相对节省了材料用量，争取了空间高度。有时为了掩饰设备管道和结构体，也可采用局部吊顶。如房间在沿墙上部有水平管道时，为掩盖管道做成局部吊顶。又如房间顶面有梁时，在包梁的同时可做几个与包梁后相同的造型，起到了装饰顶面的作用。还有在局部形成吊顶造型体。

分层顶棚在观感上改变了平顶单调的不足，但其构造与施工都较平顶复杂，造价也较高。造型上要考虑与室内其他构成要素的协调关系。

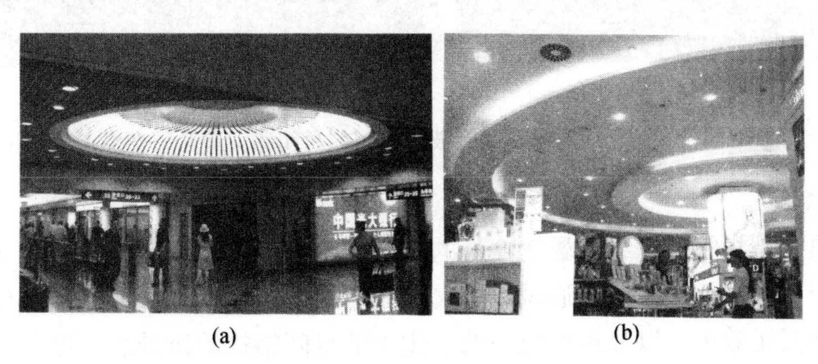

(a)　　(b)

图 4-2　不同的分层吊顶，产生不同的室内效果

3. 悬浮式

悬浮式又称悬吊式，是指预先在顶棚结构中埋好金属件，然后将各种折板、格栅或各种选调饰物悬吊起来。这种顶棚往往是为了满足声学、光学等方面的要求，或是为了追求某些特殊的装饰效果。其造型新颖别致，并能使空间气氛轻松、活泼和快乐，具有一定的

艺术趣味，是现代设计作品中的常用形式，在体育馆、影剧院、音乐厅、商城、舞厅、餐厅、茶室、酒吧等文化艺术类和娱乐类的室内空间中使用较多（图4-3）。

(a)

(b)

图4-3　悬浮式顶棚起到了很好地装饰作用

4. 发光式

发光式顶棚又称玻璃式顶棚，是指采用玻璃或其他透光材料装饰的顶棚，这种顶棚可以打破空间的封闭感，更好地满足采光与装饰要求，便于室内特殊的绿化需要（图4-4）。这类顶棚常用于展览馆、图书馆、家居或中庭等场所，设计时要注意骨架的处理，使之既符合力学关系又能产生几何图案效果，具有一般顶棚所不及的特殊情趣。

(a)　(b)

图4-4　发光式顶棚设计打破了空间的封闭感，满足采光要求

5. 结构式

结构式顶棚是指将建筑结构暴露在外的梁充当装饰元素，使其极具艺术表现力。它的装饰重点在于巧妙地组合照明、通风、防火、吸声等设备，而不做多的附加装饰，因形就势地构成某种图案效果，以显示出统一的、优美的空间结构韵律景观（图4-5）。其广泛运用于体育建筑及展览厅等大空间公共建筑室内。

6. 井格式

井格式顶棚是利用自然形成的井字梁或为追求某种特殊的环境氛围而刻意使用的顶棚设计方法。这种形式的装饰可以把灯具、通风口、各种花饰设计布置在格子中间或交叉点上，再配合彩绘和石膏花等装饰，与我国古代的藻井相似，极富民族特色（图4-6）。一般用于门厅和廊的顶棚装饰中。

图 4-5　结构式顶棚利用建筑结构和灯光充当装饰元素，使空间产生统一的韵律感

图 4-6　富有民族特色的井格式顶棚

（二）底界面——地面设计

由于地面是用来承托家具、设备和人的活动的底界面，因而其显露的程度是有限的。地面最先被人的视觉所感知，所以它的形态、色彩、质地和图案将直接影响室内的气氛。

1. 地面的形态

地面形态和顶棚相似，有平地面和分层地面两种类型，但地面形式由于受功能的制约要比顶棚形式的变化简单得多。

台阶式地面可以虚拟地划分空间，地面上下层高差一般不超过三步，每步高 150mm 左右（图 4-7）。地台式地面主要在落差处形成活动区域，地面上下层的高差相对高些，设计时要考虑人的坐、卧和上下方便等因素，多用地毯、木地板等软性和温性的材料饰面（图 4-8）。下沉式地面起到限定空间的作用，根据地面上下层高差的不同，形成的限定程度有所不同（图 4-9）。错层式主要以提高空间利用率和变化空间为目的，形成复式空间（图 4-10）。

图 4-7　台阶式地面

图 4-8　地台式地面

图 4-9　下沉式地面

图 4-10　错层式

2. 地面的色彩设计

在进行地面色彩设计时，应考虑与墙面、家具的色调协调一致，通常地面色彩应比墙面稍深一些，可选用低彩度、含灰色成分较高的色彩。地面常用色彩有暗红色、褐色、深褐色、米黄色、木色及各种浅灰色和灰色等。

3. 地面的图案设计

地面图案设计应遵循的原则有：

（1）强调图案本身的独立完整性，多用于特殊的限定空间，以强调空间的特性。如会议室多采用内聚性图案，从而显示出室内的庄重，又可以获得聚精会神的效果。

（2）强调图案的连续性、变化性和韵律感，具有导向性和规律性，例如星级宾馆的门厅和走廊。

（3）强调图案的抽象意味，自由灵动。常用于不规则布局、自由的空间，给人以自在轻松的感觉。

4. 地面装饰材料

（1）木材类：条形木地板、硬木拼花地板、木纤维地板、胶合板条立铺地板、薄木敷贴地板等。

（2）高分子地面类：塑料半硬质地面、弹性塑料地面、橡胶卷材、软木橡胶地板、人造地板革等。

（3）无机地面砖类：天然大理石板铺地面、彩色水磨石预制块铺地面、防潮地面砖（红地砖）、水泥花阶砖、马赛克地面锦砖、缸砖等。

（4）地面涂料类：地板漆、溶剂型地面涂料、水性地面涂料等。

近些年来，我国室内装修消费水平飞速递增，装修材料市场呈现出新的热点。地砖、地毯高潮已过，木质类地板持续升温，且升级换代品种众多。

（三）侧界面的设计

1. 墙面设计

（1）墙面造型

墙面造型设计最重要的是虚实关系的处理，墙面为实，门窗为虚，因此墙面与门窗形状、大小的对比变化往往是决定墙面形态设计成败的关键。墙面的设计应根据每一面墙的特点，或以虚为主，虚中有实；或以实为主，实中有虚。墙面造型设计如图 4-11 和图 4-12 所示。通过墙面图案的处理来进行墙面造型设计，可以对墙面进行分格处理，使墙面图案肌理产生变化；还可以通过几何形体在墙面上的组合构图形成凸凹变化，构成具有立体效果的墙面，还可以运用效果独特的装饰绘画手段来处理，既可丰富视觉感受，又能在一定程度上强化主题思想。

图 4-11　墙面造型与墙面肌理

图 4-12　曲面墙造型

（2）墙面光设计

光与色彩、空间、墙体奇妙地交错在一起形成墙面、空间的虚实、明暗和光影形态的变化，同时与室外空间在视觉上流通，把室外景观引入室内，增强室内空间效果；另外通过墙面人工照明设计，营造空间特有的气氛，如图 4-13 和图 4-14 所示。

（3）墙面装饰材料

涂料类墙面装饰材料：油漆涂料、乳胶漆、粉刷涂料等。

壁纸类墙面装饰材料：塑料壁纸、涂料壁纸、薄膜复合壁纸、聚苯乙烯泡沫壁纸、塑料装饰花纹纸、墙面装饰纸。

墙布类墙面装饰材料：玻璃纤维涂料壁布、麻纤维涂料壁布、涤纶纤维涂料壁布等。

纺织品类墙面装饰材料：棉纺织物、麻纺织物、混纺织物等。

图 4-13　墙面光设计（一）

图 4-14　墙面光设计（二）

此外，许多建筑材料均能加工成板材作为装饰用。由于建筑材料品种繁多，所以装饰板材种类也很多，装修中较常用的有：塑料贴面板、聚氯乙烯塑料壁砖、石膏板、胶合板、硬质纤维板、碎木夹心板、软质纤维装玻吸音板、细木工板等。

2. 隔断设计

隔断与实墙都是空间中的侧界面，隔断限定空间的程度远比实墙小，但形式远比实墙多。中国古建筑多用木架构，有“墙倒屋不塌”的说法，它为灵活划分内部空间提供了可能，也使中国有了隔扇、屏风、博古架、幔帐等多种极具特色的空间分隔物。这是中国古代建筑的一大特点，也是一大优点。

现代室内空间隔断常用的分隔物有：隔扇、博古架、屏风、花格、玻璃等。隔断因高度和材质不同，效果也往往大为不同：隔断高度在 30cm 时，能达到区别领域的程度，还可兼为憩坐或搁脚的高度；在 60 ~ 90cm 时，领域感加强，可兼为凭靠休息；高度在 1.2mm，站立时身体的大部分逐渐看不到了，坐卧时身体几乎看不到，产生一种安全感，作为隔断的性格加强了；高度在 1.5mm，产生相当的封闭性；当达到 1.8m 以上高度时，人就完全看不到了，产生了封闭感；在 1.8m 以上高的隔断或隔墙上开洞，则封闭感降低，增强了空间的流通性和整体感。若换成空透性较强的材料，如玻璃等，则完全没有封闭感，唯有领域感，增强了空间的流通性和整体感。若换成格栅，则封闭感相对又加深了。而使用只透光不透视线的材料如玻璃空心砖等，则又是另一种感觉。

（四）梁柱装饰

柱与梁是室内空间虚拟的限定要素。

它们在地面上以轴线阵列的方式构成一个个立体的虚拟空间。它是建筑的结构部件，其间距尺寸与建筑的结构模数相关，成为室内围合分隔的基点。

梁的装饰往往会作为顶棚设计的一部分来进行考虑。就像前面提到的“结构式”顶棚就是运用建筑结构暴露在外的梁充当装饰元素。当然，也有大部分设计刻意将梁的概念淡化，使其自然地融入顶棚设计里。

柱这种建筑元素应该分解为：柱、柱帽、柱身、柱基。柱基，也称为柱脚，是与地面结合的部分，柱身是柱子本身的中端主体部分，柱帽与柱基则决定了柱身的尺度。柱作为建筑空间的特定元素，在视觉上有重要的作用和意义，并且有独特的审美价值，在很大程度上能直接影响室内空间的视觉效果（图 4-15、图 4-16）。

图 4-15　花瓶造型的柱子极具观赏性

图 4-16　凹凸的表面构成让圆柱不再单调

二、空间界面设计的艺术法则

我们熟知的建筑、绘画、雕塑等创作，都要遵循一定的形式美法则。室内界面是形成空间的基本要素，对其进行的设计基本是以图案化的手法展开的，因此，用形式法则对其进行研究和规范是一种行之有效的方法，具有很强的针对性。

（一）统一与对比

统一与对比是最基本的形式美法则。各因素的差异大就具有强烈的对比感，而各个因素的差异小就具有柔和的统一感。

1. 统一

界面是空间生成的基础，同时界面也是依附于空间的一个部分。因此某一个界面的处理应着眼于全局。从材料、造型的样式，各局部处理的程度，尺度比例以及节奏、疏密关系的控制，色彩的选用，都应着眼于整体空间。一个好的设计师不会因为某一个造型或局部而津津乐道，而总能将其自觉地放在整体空间环境中去考察，评判其优劣。设计师的水平也往往体现在协调界面造型中的一些矛盾对立要素，使之相互依存、互为补充，有机地构成一个统一的整体。

比如说当我们处理顶面时，便不能孤立地把兴趣一味放在造型上。也许在综合考虑了其他界面的复杂程度以后，为了造成一个轻重缓急、疏密有致的空间节奏，以平顶的形式出现也是常有的事。所以对界面的处理，我们应遵循从整体空间来考量，着眼于整体，入手在局部，再将局部放回到整体中重新考察，遵循这样一个局部—整体—局部—整体的过程。任何拘泥于某一个界面，甚至于某一个界面的某一个造型的方法，都会导致对整体的肢解和破坏。

统一在形式美的法则中排列在第一位，寻求统一的整体感是对设计人员的最基本要求。如果设计人员的经验不足，避其所短的稳妥办法是只要把相同的设计元素组合在一起，这样在设计上至少不会出大差错。

2. 对比

对比是矛盾与差异的呈现，指由两个以上性质相异的形态、色彩等要素并置在一起所造成的显著对立的感觉。它是相对于统一而言的。在视觉关系中，形态上有高低、曲直、方圆、大小、宽窄等对比；色彩上有黑白、浓淡、明暗、冷暖等对比；位置上有左右、前后、上下等对比；肌理上有疏密、粗糙与光滑等对比。

对比作为艺术创作表现形式美的一种常见手法，运用在界面设计中，是指在设计中注重造型和材料的差异性构成，有意识地使空间的个性特征更加鲜明突出。在设计中既要对比又要统一，对比是求差异，能把差异做到和谐就是好设计；而统一是求相似，不能在相似中突围，作品就有可能陷入平淡。通过对比，使彼此差异的地方加强，使相似的地方明确。

（1）形状对比

形状对比表现为，不同形和大小的造型与材料出现在界面上，呈现出对比与统一的关系。反映这种关系最典型的是简单的几何形，如方、三角、多边形、圆、异形等形状的造型，虽然它们的形不同，但应该建立在相互关联的基础上，使它们之间具有对比和统一的整体感。

（2）色彩对比

如果室内界面的主要因素趋于缓和，使用色彩对其进行调节是一个行之有效的手段。色彩对比可以增加空间的丰富感，色彩的视觉变化可以有效改善室内的单调感（图 4-17）。

图 4-17　大块色相、明度相反的色彩组合，使空间艺术感加强

（3）肌理对比

在界面设计的选材上，应该特别注意材料本身表面呈现出的肌理差异，如平滑与粗糙、粗与细、哑光与有光、均匀与不均匀的对比等，并能够着力将这种差异对比所产生的美充分挖掘出来。

（4）方向对比

当基本形具有方向感时，彼此就会有方向对比，可以是相反方向，也可以是近似方向。根据空间的使用性质，用方向对比的原理来组织界面造型设计，可使空间充满张力（图 4-18）。但要避免过度方向变化所产生的凌乱，变化过了一定的度，效果也就大相径庭了。

图 4-18　以线为单位的造型骨架向不同方向展开，富有变化又不凌乱

（5）基本形对比

用两种不同的造型语言进行组合排列，基本形的不同形成了基本的对比效果，但这种对比手法的使用同时需要调和。缺乏统一感的设计，往往显得支离破碎、没有秩序，不能产生有条理性的视觉感受（图 4-19）。

图 4-19　顶面圆形大小的变化和长方形的加入丰富了空间效果

界面的设计应充分运用对比与统一的手法，不管是局部还是全局，小到点状，大到面和体，都应该在整体的基调下充分发挥运用对比的原理。这种对比有时要加强，有时要削弱，视整体效果的需要而定。统一对比是矛盾的两个方面，它们既相互排斥又相互依存。

（二）对称与均衡

我们对室内空间的视觉感受会因一天内光照的不同而发生变化，也会因人的主观因素和室内陈设的改变而不同。所以，我们应该把对空间的视觉感受放到一个多维度的层次上，只有在三维或是四维的层次上，才能更加客观地看待视觉平衡。

对称是一种稳定的视觉形式，其大方、稳定、严肃与庄重的美感是任何形式都无法比拟的。以一条公共轴线为媒介，在轴线两边相对应的位置上设置相同的造型、尺寸，便能产生一种对称秩序美。运用对称的手法能够使事物的整体视觉感受更加秩序化。在合理布局的情况下，对称式的空间表现形式能产生一种宁静和稳定的平衡状态，或者带给人严肃、庄严、神圣的视觉效果。事实上，由于受功能和很多客观条件的限制，绝对对称的空间设计不多。通常，适当地在整体对称的格局中加入一些不对称的因素，反而能增加生动性和美感，同时也可以避免由于过分的绝对对称而给人单调、呆板的感觉（图4-20）。

图4-20　瓷砖黑白相间、大小搭配，很生动

均衡是指在无形轴的左右或上下，其各方的视觉造型要素不完全相同，相对于对称性而产生的非对称性的视觉平衡。这种平衡更多地表现在心理方面，即表现为一种等量不等形的平衡状态（图4-21）。

图4-21　墙面的画使得浴缸两边产生了较好的平衡

非对称式平衡更加具有视觉能动性和主动性，与对称性平衡相比，它的适应性更强，不受场景和空间的限定。在表现方式上，非对称式平衡更加灵活，更具活力，能表现出变化和动态的形式。在构图需要的各种要素中，这种平衡方式看似在尺寸、色彩和相互关系等方面缺少必要的条件，但为了获得视觉上的平衡感，非对称式平衡运用杠杆原理，合理地分析构图中各个要素的分量，从而获得了一种看似微妙的平衡。

任何形式超过一定的限度就会难以维系，所以非对称式平衡也要遵循适度的原则，以免造成构图的零乱、无序。

（三）节奏与韵律

节奏是根据反复、错综和转换、重置的原理，加以适度组织，使之产生高低、强弱变化的一种韵律。室内空间设计中的节奏主要是通过实体要素的形、色、肌理的多次重复，或陈设的虚实、松紧、疏密等连续而有规律的变化来体现的（图4-22）。

图4-22　以方形作为基本形精心排列，使空间产生节奏感

连续而有节奏的运动与变化便产生韵律感。韵律是节奏的变化形式，是以节奏为基础，但又有所变化的节奏。韵律包括渐变韵律、起伏韵律、交错韵律、旋转韵律、自由韵律等形式（图4-23、图4-24）。沿着一条线路行径等距离排列相同的部件，这种重复的设计表现形式是最简单的节奏与韵律表现形式。节奏与韵律具体采用何种形式表现，要根据具体的空间设计效果需要来决定。

图4-23　曲线造型使空间充满了韵律美感

图4-24　重复排列产生了音乐般的韵律感

节奏与韵律是密不可分的统一体，韵律在节奏基础上丰富，节奏是在韵律基础上的发展。室内空间设计中的实体形态、形状大小、细部结构、色彩的纯度与明度，以及材质的图形与肌理等方面都能塑造出富有节奏与韵律的空间效果。

第三节　室内空间的采光与照明设计

一、光线与空间

在设计中，光与时空、形质无法分离。建筑大师勒·柯布西耶（Le Corbusier，1887—1965年）曾说“建筑是汇聚在阳光下巧妙的、恰当的并且美好的形体游戏”①。光作为材料，最重要的意义是满足健康与活动的需求，也是展现时间、塑造空间形态、营造特定环境氛围的要素。

光是变幻莫测的，人们通过环境的光色形质产生特定的心理和情绪变化，因而光是最为神奇的材料。它赋予时间与空间诗意，切换各种各样的情调，展示空间形态的美，改变空间尺度感，解释有形质材料的特性……

（一）光的时间性

光是永恒的，没有光就看不见东西。光的存在是世界万物表现自身及其相互关系的先决条件，同时也是人类视觉感知的基础条件。空间设计得再漂亮如果没有合适的光，它的美便消失不见。只有光存在，空间才存在（有光的存在，人才能看得见空间）。虽然光在物理上是存在的，但是当光设计得不对的时候，光原来所要表现的空间是不存在的。

随着一年中的春、夏、秋、冬四个季节的更替，甚至一天中不同时辰的交替，光的性质与入射角度也在不停地变化，使光不只是一种感知的媒体，它可在空间完全不变的情况下，起到修饰空间的作用，给空间带来不同的色彩，给人们带来不同的感受。

在黎明的曙光与傍晚的夕阳相互交替中，人们感受到时光的流逝。

（二）光的引导性

众所周知，人或其他动物都有着极强的向光性。在内部空间处理中，光作为室内空间环境中的重要组成部分，往往使人有趋前行为的指向（不以人的意识为转移），从而在空间中引发导向作用。若能将光线处理得自然、含蓄、巧妙，就能使空间环境丰富而有内涵。

通过光的引导性可以突出重点空间，加强希望注意的地方，如趣味中心，也可以用来削弱不需要被注意的次要空间，从而使主次空间进一步强化。如：许多商店为了把人的注意力引导到新产品上，往往在那里用亮度较高的重点照明，而相应地削弱次要的部位，获得良好的照明艺术效果（图4-25）。

（三）光的表现性

光是对于建筑的表达中不可或缺的因素。光能提高材料的质感，使空间的表情变得丰

① 金晶凯．建筑景观环境手绘技法表现［M］．北京：中国建材工业出版社，2014：2.

图 4-25　服装店照明的引导性

富。光还赋予建筑空间以生命感。从外部空间投射来的光在内部空间被吸收、扩散，给予适度的照明把内外空间一体化，使人处于愉快的状态。光给内部空间以优雅和幽幻，加强了表达效果。如图 4-26 所示，恰如其分的光使得老建筑充满了新的活力。如图 4-27 所示，现代展示建筑在光的作用下与院落空间融为一体，彰显出内外空间的和谐。

光线对于活跃室内气氛、创造空间立体感以及光影的对比效果有重要作用。室内的气氛由于不同的光色而变化。住宅卧室通常采用暖色光而显得温馨。而娱乐场所、舞厅、KTV 等常常采用加重暖色如粉红色、浅紫色，使整个空间具有欢快、活跃的气氛。

图 4-26　夜光照明下的老建筑

图 4-27　夜晚中的某现代展示建筑

现代建筑设计特别强调对光的运用，著名的建筑设计大师贝聿铭设计的法国卢浮宫玻璃金字塔更是强调了光本身的重要性。昼光透过玻璃及钢架折射到内部地面，利用钢架的光影，在地面上构成了一些特殊的影像，随着昼光的移动和变化，这种影像也在不停地变幻，使整个内部空间具有动感。入夜后，建筑物本身发光玻璃金字塔将变成一个发光棱锥，这种精美的光线扩散到广场的室外空间，被人们称为巴黎的“城市之光”。

二、室内光环境创造考虑的主要因素

（一）照度（Intensity of Lllumination）

所谓照度，通俗一点讲就是物体被照射的程度，常用落在其单位面积上的光通的多少来衡量。为保持室内环境中的各个工作面具有足够的亮度水平，使人的眼睛能够舒适而又清晰地看清室内或者工作面上的东西，就必须达到足够的照度水平。光源的光通量、光源与物体之间的距离以及光线的投射角度这三个参数是影响物体表面照度的主要因素。

英国照明工程学会 1977 年制定的规范规定：日常工作如办公、会议等的照度为 500lx，假如周围环境对光反射和对比较弱时，则照度服务标准提高到 750lx；对于绘图、使用办公仪器等工作，照度要求为 750lx，，当光反射和对比较弱时，提高为 1000lx。美国照明工程学会 1981 年制定的标准，不是推荐单一的照度水平，而是根据设计时一些较难确定的因素，如作业面的大小、光的对比要求等综合给定一个照度范围。例如将中度对比和较小作业面的照明定为 500—750—1000lx。在此照度范围内再根据人们的年龄差别、工作速度或观察精确度的要求和环境对光反射的具体条件，确定特定工作要求的照度。当年龄超过 55 岁时，环境光反射系数超过 70%，工作速度与观察精确度要求较高时，照度为 750lx。我国建筑设计规范也对不同用途房间的照明标准做了明确的规定，如办公室、会议室、陈列室、阅览室的照度为 100 ~ 200lx，计算机室的照度为 150 ~ 300lx。符合可持续发展要求的工作照明设计，首先应该满足光的照度标准。视觉工作对应的照度分级见表 4-1。

对于一些有特殊用途的房间，还必须考虑光线对室内物品的损害，如书库、档案库、博物馆的藏品库以及一些贵重展品的展示照明等都应该选用紫外线少的光源或安装过滤紫外线的灯具。

表 4-1 视觉工作对应的照度分级

视觉工作	照度分级（lx）	附注
简单视觉作业的照明	0.5、1、2、3、5、10、15、20、30	整体照明的照度
一般视觉作业的照明	50、75、100、150、200、300	整体照明的照度或整体照明和局部照明的总照度
特殊视觉作业的照明	500、750、1000、1500、2000、3000	整体照明的照度或整体照明和局部照明的总照度

（二）光色（Photochromic）

光色包括两个方面的含义：一是光源的色表；二是光源光照射在物体上的显色性。良好的室内环境照明，不仅要保证环境整体和各个工作面上有充分的照度水平，还要保证有良好的显色特性。不同色温的光线会给人不同的心理感受，在室内环境照明设计中，常利用这一特性来创造宜人的光环境或营造室内环境的艺术气氛。在某些特定的展示环境中，还常常要求有特殊的照明色温，以保证展品的安全。

色温（也称“相关色温”）是表示光源光色的物理量，单位为 K（kelvin）。光源的色温是通过将其色彩和理论的绝对黑体进行对比而确定的。绝对黑体与光源的色彩相匹配时的开尔文温度就是那个光源的色温，它直接和普朗克黑体辐射定律相联系。

低色温光源的特征是能量分布中红辐射相对较多，光色呈暖色，通常被称为“暖色光”；随着色温的提高，能量分布中蓝辐射的比例增加，光色逐渐变冷，通常称为“冷色光”。当光源的色温小于3300K时，会给人以暖和的感觉，当光源的色温大于5300K时，则会给人以冷的感觉。一些常用光源的色温为：标准烛光为1930K，钨丝灯为2760～2900K，荧光灯为3000K，中午阳光为5400K，蓝天为12000～18000K。

光源的色温和主观感觉效果之间的关系，以及与之相对应的应用场所，可归纳如表4-2所示。

表4-2　不同色温光源的应用场所

光色分组	颜色特征	相关色温（K）	适用场所举例
1	暖	≤3300	住宅、宾馆一类房间
2	中间	3300～5300	办公室、图书馆、商店一类房间
3	冷	>5300	照度高或白天需要补充自然光的房间

人在不同照度水平下对不同色温光源的舒适度感觉也是不同的，设计时光源的色温应当与照度水平相适应。表4-3为CIE（国际照明委员会）公布的观察者在各种照度水平下对光的不同色温外观效果的总印象。

表4-3　照度、色温与感觉的关系

照度（lx）	光源色的感觉		
	暖	中间	冷
≤500	舒适	中等	清冷
500～1000	↑	↑	↑
1000～2000	刺激	舒适	中等
2000～3000	↓	↓	↓
≥3000	不自然	刺激	舒适

从表4-3可以看出，在低照度下，往往以“暖光”（<3300K）为最好，随着照度的增加，光源的色温也应当提高。在同一色温下，照度值不同时，人的感觉也会不同。因此，在选择室内照明灯具时，必须注重光色的舒适性问题。此外，还应注意的是，在不同的地理气候条件下，不同年龄、不同性别的人对光色的爱好也会有所不同。

不同的物体对光源的光谱辐射会有选择地反射或透射，当人眼观察物体时就会产生不同的颜色感。如果光源所放射的光中所含各色光的比例和自然光相近，那么人眼所看到的物体颜色就会比较逼真。

将物体在待测光源下的颜色同它在参照光源下（晴天中午的日光）的颜色进行比较，其符合的程度即为待测光源的显色性。因此，显色性描述的是光源对物体颜色呈现的逼真程度，显色性越高，表示光源对物体颜色的呈现越好，物体呈现的颜色也就越接近于自然原色，光源的显色性越低，物体的颜色偏差也就越大。在室内光环境中，再好的材料、装饰、陈设、服装、服饰、化妆等也会因光源显色性不好而失色。

对光源的显色性用显色指数来表示（符号为*Ra*）。国际照明委员会规定，标准照明体的显色指数为100，色温为3000K的标准荧光灯的显色指数为50，以上述数字为基准来衡量各种光源的显色性，确定光源的一般显色指数。光源的一般显色指数越高，表示其显色性越好。一般认为，显色指数在100~80范围内时，光源的显色性能优良；显色指数为79~50时，显色性能一般；显色指数 $Ra<50$ 时，显色性较差。不同的室内空间场所应该采用具有不同显色性的光源（表4-4）。

表4-4　不同显色指数光源的应用场所

显色分组	显色指数范围（Ra）	适用场所举例
1	$Ra \geq 80$	旅馆、饭店、商店、绘图室一类建筑
2	$60 \leq Ra < 80$	办公室、休息室、候车室一类建筑
3	$40 \leq Ra < 60$	行李包裹房
4	$Ra < 40$	仓库、人行天桥等

（三）亮度（Luminous radiance）

在相同的条件下，白色的物体比黑色物体给人的感觉要亮得多，这说明发光能力或反光能力较强的物体有较大的亮度。前面介绍过，在眼睛的生理允许范围内，物体的亮度越亮，它的视度也越高。不过当物体的亮度超过一定限度时，就会超过眼睛的视觉适应能力，产生眩光而导致不适感或者影响视度。在室内环境设计中，各种物品本身的物理性状和所处的地位是各不相同的，而且常常是在变化之中，因此，室内光环境设计必须通过考虑光源的功率和布置方式来控制室内的环境质量。如果在同一个空间中出现亮度差异太大的场景或元素，眼睛就会被迫进行频繁的调节，极易造成视觉疲劳。所以要根据不同的室内环境和工作要求，选择适当的照明形式与功率，确定恰当的灯具位置，力求使室内空间的照明水平在均衡稳定的基础上照顾到不同工作面的照明要求。

室内的色彩对室内自然光的质量有很大的影响，浅色的室内主调更有利于光线的反射，提高室内的亮度，因此除了一些特殊的场合如舞厅等，办公室、卧室等一般的室内空间宜以浅色调为主。

（四）眩光（Dazzle）

眩光是光环境设计中一个值得注意的现象，它是人在某些条件下对光的一种心理和生理的反应，如果在视野内出现亮度极高的物体或过大的亮度对比，就会引起人眼不舒适或视度的下降，这种现象就是所谓的眩光。眩光是影响室内光环境质量的主要因素，对视觉有害。根据眩光对视觉的影响，眩光还可分为失能眩光和不舒适眩光。失能眩光会降低物件和背景间的亮度对比，导致视度下降，甚至暂时丧失视力。不舒适眩光的存在一般并不明显地降低视度，但会使人感到不舒服，影响注意力的集中，长时间处于这种干扰之中，也会导致眼睛疲劳。所以在光环境设计中，除了特殊情况外，都应该避免眩光产生。

根据形成途径的不同，眩光可分为直接眩光和反射眩光。

1. 直接眩光及其解决方法

人眼直接看到光源所产生的眩光即为直接眩光，如人眼直接观看太阳或灯光所产生的眩光。如果光源位置较低，直接进入人的视野，就极易产生直接眩光，这时可将光源提高。如果因种种原因而无法提高光源时，可在光源外加灯罩，限制光线的投射。光源下端与灯罩下边缘的连线与水平线的夹角称为保护角（图4-28），只要眼睛与光源的连线与水平线的夹角小于灯具的保护角，就不会产生直接眩光。避免直接眩光产生的另一个方法，就是降低光源的亮度，如在灯具之外加乳白色灯罩等。

在大多数照明环境中，最严重的问题是由光源与背景或来自于窗户的光线与周围墙壁之间的亮度对比过大而造成的，因此，在一般的公共区域如家庭中的起居室等都应该主要采用间接照明，这种方式将顶棚和墙面转换成光源，从而消除了刺眼的对比和深深的光影。隐藏的灯具，如柔和的发光顶棚、嵌入式顶灯、枝形吊灯向上打的灯光、壁灯和间接照明的落地灯等是较为合适的照明方式。为了消除眩光对眼睛的伤害和视觉的影响，如果有可能的话，就应该将灯光进行漫反射和过滤处理，并根据不同的工作要求使用合适的照度水平。

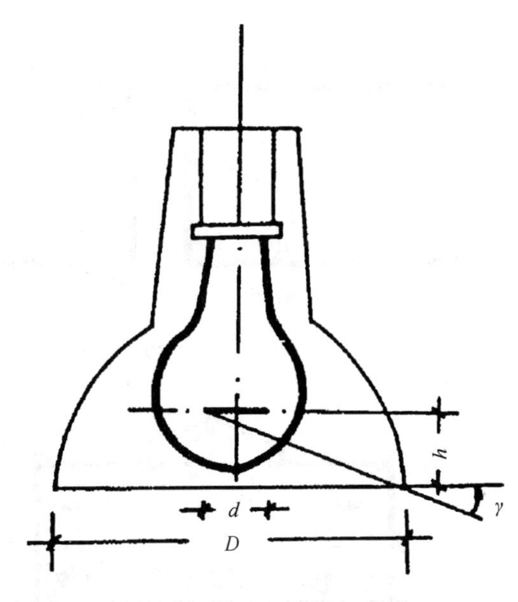

图4-28　灯具保护角

直接眩光也可由自然采光所引起，如当将电视机置于窗口之前时，在白天，由于背景是明亮的室外环境或天空，而电视画面则相对较暗，这时明亮的室外就成为进入眼睛的光源，产生的眩光会严重影响人们的观看。如果电视背景是白色的墙壁，当室内光线过强时，明亮的墙面就会产生眩光，同样也会影响观看效果，这就是为什么观看电视时，室内环境光不能太亮的原因，如果不考虑其他因素，一般房间只要有一只15W的灯具，暗淡的光线不影响一般的行动和取物即可。

2. 反射眩光及其解决方法

反射眩光是指目标物将光线反射进入观者的眼睛而产生的眩光，如水面或玻璃幕墙的反光等。反射眩光还可分为一次反射眩光和二次反射眩光。当一强光投射到某目标物上，而目标物像镜面一样将此强光反射入人们的眼中，如果光源的亮度超过了所观物体的亮度，则所观物体就会被光源的影像或者是一团亮光所淹没而无法看清，这种现象称为一次反射眩光。当我们观看一幅悬挂于窗户对面墙上的装饰画时，我们往往会在镜框玻璃中看到窗户明亮的影子，此时的镜框内是白茫茫一片，什么也看不清楚，这就是一次反射眩光的典型例子。此类眩光在一些展示陈列空间的设计中尤为常见（图4-29）。解决的方法之一是，改变反射面（镜框表面）的角度，使反射的光线不进入人眼，另一种解决方法是改变光源（照明灯具）的位置，使反射光不投入观者的眼睛而避免眩光（图4-29）。

当观者观看玻璃柜中的展品时，如果观者本身的亮度大大超过了陈列品的亮度，那么观者很可能只能看见自己在玻璃中的影子，这种眩光就称为二次反射眩光（图4-30）。消除此种眩光的办法是降低观者所在位置的亮度，但同时必须保证陈列品上有足够的照度（图4-30）。目前，在许多新的博物馆展示设计中，为了保护展品，常常需要将展品置于封闭的玻璃罩中，采用特殊的人工照明手段来为展品提供照明，在这种情况下，常将展品以外的走道空间的亮度设计得很低，而仅仅将展品本身的照度设计成合乎要求的照度，以此防止参观者自身亮度过高而在玻璃罩上产生二次眩光。在有些无法降低观者亮度的场合，可通过改变橱窗玻璃的倾角或形状（图 4-30），或提高橱窗内展品的亮度来避免二次反射眩光。

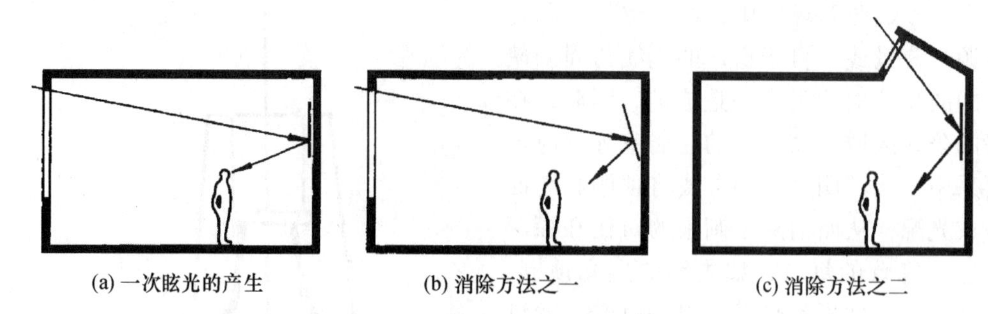

(a) 一次眩光的产生　(b) 消除方法之一　(c) 消除方法之二

图 4-29　一次反射眩光的产生及清除方法

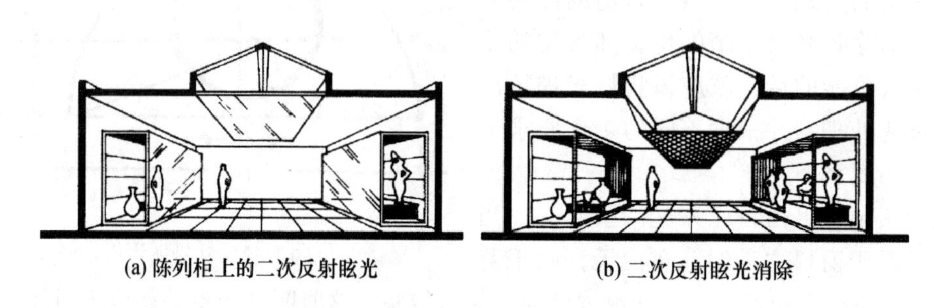

(a) 陈列柜上的二次反射眩光　(b) 二次反射眩光消除

图 4-30　二次反射眩光的产生及消除方法

三、室内空间采光的类型

室内空间的光有自然采光和人工照明两种形式。在具体使用过程中，主要采用人工照明、自然光照明、人工与自然光结合照明三种方式。无论采用哪一种照明方式，其光环境都要能满足不同空间的照度需要，达成视觉艺术效果。

（一）自然光线

自然光是最适合人类（包括其他动、植物）的光线，有利健康并满足人类亲近自然的心理要求，自然光的强弱、方向和颜色随着昼夜阴晴和四时节序交替变化，其丰富多样的表情和语言，为人们提供了愉悦的、动态的外部环境信息。自然光拥有完整的光谱颜色，这使得自然界中充满了动人的绚丽色彩，使我们在视觉上更为习惯和舒适。

建筑空间中自然采光应是首选的采光方式，良好采光也是提升建筑品质，创造宜居环境的重要组成内容。当今日益拥挤的城市空间里，拥有充足的自然光线已渐渐成为一种奢望，在倡导低碳节能、绿色环保的背景下，这一问题显得更具有重要意义。自然光主要靠设置在建筑墙体和屋顶的洞口来获取（图 4-31），采光效果主要取决于采光口的位置、面积、形状，覆盖洞口的透光材料性质以及邻近建筑、树木的遮挡程度等因素。较大的采光口会使空间呈现出勃勃生机，较小的采光口则幽暗神秘并富于戏剧效果，对采光口附加的镂空构件还会形成光影交织的效果（图 4-32），应结合空间的使用功能、风格特点、当地光气候等因素加以选择运用。近年来，采光效果更好的光导照明系统（用导光管传输阳光技术）越来越多地受到人们的关注和应用。

图4-31　古罗马万神庙的洞口采光

图4-32　对采光口附加镂空构件后的采光效果

自然光的光源主要是日光，包括直射光和天光。晴朗天气条件下，阳光穿过大气层，直射到地面即为直射光，直射光暖色会使室内空间光线充足，并产生强烈的光影变化，随时间变化的光线与阴影还会使静止的空间产生动感，但也容易因照度不均引起不适的眼眩光和室内温度过热等问题，强烈的直射光还有使塑料制品老化、纺织物褪色等破坏作用，可用窗帘、镀膜玻璃，以及遮阳板、遮阳篷、各种格片及扩散材料等来进行缓解。阳光经大气层中的水气、尘埃等微粒反射和扩散后称天光，天光多数情况下倾向蓝色，光线均匀、稳定柔和不易产生阴影。

按所处位置的不同，采光口可分为侧窗和天窗两种形式：

（1）侧窗采光是建筑物最常见的一种采光方式。侧窗采光的光线不均匀，尤其进深过大的空间，深处的采光会降低，可采用双向侧窗、高侧窗、加设中庭等手段加以缓解（图4-33）。

（2）天窗采光是指在建筑空间顶部开设采光口采光，天窗引进的顶光照度分布均匀，并且较为稳定，光线自上而下由明到暗，富于层次感、生动感。但也容易造成眩光、室内升温过高等问题，须采取适当遮光措施（图4-34）。

图4-33　侧窗采光

（二）人工照明

人工照明也可称为“灯光照明”或“室内照明”，它是夜间的主要光源，同时又是白天室内光线不足时的重要补充。提供照度是人工照明的主要功能，照度较高的房间使人感觉空间

图 4-34　天窗采光

扩大，而照度较低的房间则使人感觉空间缩小，除此之外，它同样对空间的围合程度产生影响。空间的材料、层次、色彩和光应该是统一的整体，而不是让人第一眼就看见光，要在细细品尝的时候能体会出是光营造了美好的空间。

对室内设计师来说，人工照明的优越性在于：亮度、色相、灯具安装位置和照明质量都可以控制。因此，在旅馆、仓库、陈列室和展示空间常常全天使用人工照明。

四、室内照明的布局方式

（一）一般照明

是为照亮整个空间场所而设置，所以又称“背景照明”，通常由规则分布于被照场所的若干光源来提供，可使室内空间各表面处于一种大致均匀照度，为空间提供一个普遍性的基础照明。空间使用的灵活性较大，但过于均匀的灯光分布，也容易使空间阴影微弱，平淡、沉闷和呆板。这种照明布局方式适合于无较高照度要求的空间和一些不讲求细节的活动。当空间尺度较大、照度要求较高时，单独采用这种照明布局方式容易造成投资和能源浪费，经济性不好，可结合实际情况采用分区一般照明方式，即通过把灯具集中或分组集中设置来解决问题。

（二）局部照明

局部照明是配合特定需要，只对局部空间进行照明的方式。根据使用目的，可分为任务照明和装饰照明，使用时应注意避免局部和整体间的亮度对比过大造成的视觉不适。任务照明设于需要高照度要求（如读写、化妆、烹饪、用餐等）的局部工作区域、光线集中投射于工作面，保证其有足够照度，便于工作更加容易地完成；装饰照明是出于强调、烘托、点缀等目的而进行的局部重点照明，可充分展现被照物的形体、结构、质地和颜色等特征，容易与背景形成较强反差，空间可形成强烈对比和戏剧化视觉效果，用于强化空间特色或突出建筑细节、室内重点陈设等内容，并可缓解空间的平淡和枯燥。

（三）重点照明

重点照明是空间中局部照明的一种形式，它产生各种聚焦点以及明与暗的有节奏图形，以替代那种仅仅为照亮某种工作或活动的功用。重点照明可用于缓解一般照明的单调性，它能突出房间的特色或强调某个艺术精品和珍藏。

（四）混合照明

混合照明即同一空间中采用多种照明方式，既有照度均匀的背景照明，也有满足某一局部特殊要求的局部照明，是现实中较为常见的照明布局方式。

实际运用中，应认真分析场所的功能和可能出现的行为，以及整体的气氛与格调，确定用何种方式进行照明布局，是采用整体环境照明，还是局部照明、重点照明，抑或是几者的结合。

五、灯具与室内照明类型

照明按照光源的造型分类，主要有灯饰化照明和建筑化照明两种类型。照明设备的造型和色彩等问题在原则上应归属于整体形式的范畴之中。换句话说，灯具的造型是整体造型计划的一个部分，灯具的色彩是整体色彩计划的一个部分，不能当作孤立的问题看待。而且，有时灯具的造型色彩居于主体的地位，必须适度加以强调；有时却由于背景的地位，必须尽量将之隐置或削弱。总之，唯有从整体形式中去寻求适合的处理，才能收取完整优美的效果。

（一）吊灯照明

吊灯在室内设计的艺术效果中占有相当重要的地位。当灯火通明时它给人的感觉是晶莹透彻、豪华庄重，室内气氛金碧辉煌，给人以节日的兴奋感。吊灯用作普遍照明时，多悬挂在210cm以上高度；用作局部照明时，大多悬挂在100～180cm之间高度；用作装饰照明时，则多采用低瓦度或浅色灯泡，或以调光器减弱光量。直接与间接式吊灯以上下双向开口灯罩使光线同时作直接与间接投射，可以利用灯罩开口的大小以控制往上或往下投射的光量，作为普遍照明和局部照明。此外，下投式吊灯以重点加强照明或局部照明为主。暴露式吊灯则以装饰照明为主。吊灯的种类很多，常用的有单火吊灯、多火吊灯、组合吊灯、晶体玻璃吊灯和晶体组合玻璃吊灯等。

（二）吸顶灯照明

吸顶灯直接装设在顶棚下方，主要包括：普遍散光式、散光下投式和下投式三种形式。普遍散光式吸顶灯可以分为白热灯和日光灯两种光源，普遍散光式白热吸顶灯多以乳白玻璃为散光罩材料；普遍散光式日光吸顶灯多以乳白亚克力为散光罩材料。普遍散光式吸顶灯的投光范围广及顶棚、墙壁和地面，多采作普遍照明。散光下投式吸顶灯以圆形和方形为主，边框多为不透明材料，底罩则为散光材料，使光线直接往下投射，多采用为普遍照明。下投式吸顶灯光线直接往下投射，多采用为重点加强照明或作为缝纫等工作的补充照明。若用作较大区域的普遍照明时，必须采用多盏灯具同时使用。

吸顶灯多用于较低矮的空间，常和顶棚的图案结合在一起，形成一个完整的顶棚照明系统，富于很强的节奏感和韵律感。多火吸顶灯包括双火、三火以至四、五、六、八、九火等不同规格组合，尺寸从300mm×300mm到1000mm×1000mm左右。吸顶灯的功率，白炽灯是40W、60W、75W、100W、150W，荧光灯是30W、40W。

（三）嵌顶灯照明

嵌顶泛指装在顶棚内部的隐装式灯具，灯口往往与顶棚平齐相连，一般所有光线往下投射，属于直接配光的形态。可以采用不同的反射器、镜片、百叶片和灯泡，以取得不同的光线效果。从投射范围来说，广角度嵌顶灯多采用为一般室内的普遍照明；中角度嵌顶灯多采用为特定区域的普遍照明；窄角度嵌顶灯则多采用为桌面的局部照明或特殊墙面的装饰照明；而斜角度嵌顶灯则多采用为图画、雕塑和其他摆设的强调照明。

（四）壁灯照明

壁灯造型丰富、款式多变，壁灯的照明不宜过亮，灯泡功率多在15～40W，这样更富有艺术感染力，光线浪漫柔和，可把环境点缀得优雅、富丽、温馨，常见的有变色壁灯、床头壁灯、镜前壁灯等。变色壁灯多用于节日、喜庆环境；床头壁灯大多装在床头上方，灯头可转动，光束集中，便于阅读。壁灯安装时不宜过高，应略微超过视平线，高为1.6～1.8m，同一表面上的灯具高度应该统一。镜前壁灯多装饰在盥洗间镜子上方，多呈现长条形状，一般用作补充室内的照明，壁灯的款式选择应根据墙色及整体环境而定。

（五）移动灯具照明

移动灯具就是可以根据需要自由放置的灯具。移动灯具可以自由移动，是一种便于弹性使用的灯形，主要包括：台灯、落地灯、柱形灯、树形灯和导向投光灯等数种形态。台灯多用作阅读和书写等局部照明，亦可供作一般起居或装饰照明。落地灯多用作阅读或一般谈聚照明。柱形灯与树形灯多数可以任意调节投光方向，兼具有机能照明与装饰照明的双重作用。导向投光灯则多用作重点摆设的装饰照明。

（六）结构型照明装置

结构型照明装置即通常所说的建筑化装饰照明，是指固定装置在顶棚或墙壁上面的结构型照明设备，主要包括格片反射照明、暗槽反射照明、发光带和发光顶棚等基本形态。结构型照明装置多以日光灯为光源，其中发光带和发光顶棚照明为间接照明；暗槽反射照明则多为半间接照明。

1. 格片反射式照明

利用木片、薄铝片和塑料片做成格片网，格片内的灯光通过格片均匀地散到室内，照明效果如同白昼。这种照明没有刺眼的眩光，多用于陈列馆、展览馆和美术馆等室内空间。

2. 暗槽反射式照明

这种照明方式是间接照明，其形式多种多样，主要有波形反光槽、藻井式反光槽和悬浮式反光槽等。波形反光槽多用于剧场。当反光槽内灯火齐明时，整个顶棚犹如一波推一波的水纹，十分美妙。藻井式反光槽由于抬高了顶棚的标高，可使空间减少压抑感，增加了空间的层次感。悬浮式反光槽是局部顶棚下降，因此产生悬浮之感，槽灯齐明时，内轮廓明显，可以产生一种层次感和亲切感。

3. 发光顶棚照明

这种照明形式的特点是整个顶棚吊顶都是由透明材料做成的，在吊顶内安装灯具。当灯光齐明时，整个顶棚通明，犹如水晶宫一般。还有一种发光顶棚是由几何纹样组合成的，通风孔与顶棚图案组合在一起，形成韵律感很强的发光顶棚。

发光带照明也是利用漫射光线材料（玻璃、塑料或有机玻璃）或格片（半透明或不透明的）将光源全部或部分遮住，以光带的形式照明。这种照明一般用在教室、实验室或阅览室等场合。

六、不同空间区域的照明设计

（一）住宅空间的照明设计

在住宅空间中的照明设计要保证人们饮食起居、文化娱乐、工作学习、家务劳动、迎宾待客等活动的正常进行，所以，住宅照明设计要充分考虑到居家活动的多样性，相应活动性质决定住宅中各空间的功能各有不同，应根据不同空间的具体功能要求来设计照度。

1. 客厅照明

客厅是人们起居生活的中心。其功能较一般房间复杂，活动的内容也较丰富。客厅可进行谈话、就餐、娱乐，有时还兼作卧室，是多功能房间，灯具也应按多功能考虑。对于采光的要求必须具有灵活、变化的余地，要使用弹性较大的采光方式。照明设计要与室内装饰协调，还要考虑家庭成员的行动路线来布置灯具，要根据面积和功能区域有效地布置地灯和台灯，要选用具有装饰性、稳定性、坚固可靠的灯具。

在人多时，可采用均匀照明；听音乐时，可采用低照度的间接光；看电视时，座位后面有一些微弱照明。室内如设挂画、盆景、雕塑等可用投射灯照射，以加强室内装饰气氛。书橱或摆饰可用摆设的日光灯管或用移动式的有轨投射灯。有些高贵的收藏品，如用半透明的光面板作衬景，里面设灯会取得特殊的效果。高级住宅的客厅高度较高、面积较大，灯具选择应强调艺术性，并与建筑格调相一致。一般采用带玻璃装饰罩的花吊灯，吊灯的安装高度要适宜。对大众化的住宅，一般客厅比较小，单元住宅多为两室户或三室户，多用带阳台的大间作会客厅，常采用荧光灯作为光源的灯具。无论采用何种灯具，都应有射向顶棚的光，以防顶棚过暗。

2. 卧室照明

卧室主要是用来晚间休息或看书、更衣、梳妆的地方，要选用能创造安静柔和气氛的照明灯具。房间顶棚以安装漫射型灯具为宜，使用低亮度光线柔和的照明，以构成宁静、幽雅、舒适的环境。卧室照明也要求有较大的弹性，因为它的活动内容较多，穿衣时要求匀质光，光源要从衣镜和人的前面上部照射，以免产生逆光现象；化妆时，灯光要均匀照射，不要从正前方向脸部照射，最好两侧也设置辅助灯光，以防止化妆不均匀；在需要看书的地方设局部照明灯、台灯或落地台灯，灯的光线最好可调，以便改变气氛；床头照明常采用壁灯或落地台灯，壁灯一般设在床头的左上方，高度以不造成头部阴影为准，壁灯的优点是可通过墙面反射光，使光线柔和。若建筑标准较高、房间面积较大，也可以在顶棚内装入筒灯或在墙上安装壁灯，床边设脚灯，可在进门处和床边设双联开关以方便开启和关闭。

3. 厨房与餐厅照明

厨房中多数都采用均匀照明，设在顶棚上或墙上。厨房一般较小，烟雾水汽相对较多，要选用易清洗、耐腐蚀的灯具，常用吸顶灯或吊线灯。在切菜配菜部位可设辅助照明，一般都选用长条管灯设在边框的暗处，光线柔和而明亮，利于厨房操作。当厨房面积较大时，也可考虑在水池上方安装局部照明灯，以显色较好的白炽灯为宜。

餐厅照明应能起到促进人食欲的作用。一般说空间大、人多时照度宜高些，以增加热烈的气氛；空间小、人少时照度低些，以形成优雅、亲切的环境。其照度常在 50 ~ 100lx 之间。外国人的餐厅设计，为了追求安静，常使室内灯光较暗，而中国人很讲究烹调艺术，用餐要求色、香、味俱全，则希望餐厅灯光亮些。餐桌需要水平照度，应选用显色性较好的向下照射的配光灯具，安装在距餐桌 800 ~ 1000mm 的上空，一般常用向下投射的吊灯，光源照射的角度最好不超过餐桌的范围，以防止光线直射眼睛。对于有吊顶的餐厅，应考虑安装一定数量的筒灯，组成图案作为辅助照明。较大的餐厅也可安装壁灯，以减少人的面部阴影。

4. 浴室与卫生间照明

浴室对于照度要求不高，一般只要能看见东西就行了。常在顶棚上放一个防潮吸顶，洗脸架上放一个长方形条灯就行。如有化妆功能，可增加两个侧灯。

卫生间的照明要能显示环境的卫生与整洁，常采用乳白玻璃罩吸顶灯用以减少阴影的出现。灯的开关安装于卫生间的外面，并采用带指示灯的开关以表示灯的工作状态。卫生间内设有面盆及梳妆镜时，在镜面上方安装镜前灯。在视野 60°立体角以外（以视平线为轴向上、向下各 30°），灯光多直接照到人的面部，而不应照向镜面，以免产生眩光。镜前灯常采用乳白玻璃罩的漫射型灯，通常以白炽灯泡为宜。

6. 楼梯与走廊照明

走廊由于其面积狭窄，一般采用吸顶灯为宜。走廊灯的安装位置应结合走廊长度、房间的出入口、壁橱、室内楼梯等需要一定亮度的地方进行综合考虑。走廊最好能设三相式开关以便满足不同的使用要求。

为了上下楼梯不致发生危险，楼梯间需要一定的亮度。楼梯间多采用漫射式吸顶灯或壁灯。对于小型楼梯间，在各层楼梯的休息平台安装吸顶灯即可；对于回转楼梯，由于楼梯较宽、面积较大，可在回转处安装吸顶灯或壁灯。楼梯灯开关常采用双控开关或定时开关。开关位置应设在上下楼梯口的左侧或右侧。

（二）餐厅的照明设计

餐厅的照明设计需要独特的风格与创新。要充分考虑到照明对人心理上的影响：高亮度能促进人兴奋和活跃，低亮度能使人轻松和引起遐想。餐厅灯具的光色要与自然光接近，以准确显示食物的颜色。灯具的造型也应美观。设计者可以通过照明和室内色彩的综合设计创造出活跃、舒适的进餐环境来。

1. 多功能宴会厅照明

宴会厅常是各种集会场所，能举行欢庆宴会、茶话会等大小宴会，要求装饰豪华，照明需采用晶体发光玻璃珠帘灯具或大型枝形吊灯，气度非凡。也常采用建筑化照明手法，使厅内照明更显特色，有时为了使用聚光灯提高效果，可设置调光装置。多功能宴会厅照明应设有总体照明控制装置，对重点部位采用局部射灯、筒灯及环境照明用荧光灯，要有控制照度、色彩、不同组合的功能，可以适应不同场合活动的需要。

多功能宴会厅为宴会及其他功能使用的大型可变化空间，所以在照明器选样上应采用二方或四方连续的具有装饰性的照明方式。装饰风格要与室内整体风格协调，照度应达到750lx。为适应各种功能要求，可安装调光器。

2. 一般餐厅照明

餐厅不一定要像宴会厅那样豪华，但餐桌是吸引人的中心，应是亮度最大的地方，只能有较少的扩散光，并且必须有一部分光能照到就餐者的面部，光线要柔和，呈暖色，以显示就餐者健康的肤色，这就靠光的互相反射来实现，光源最好选用白炽灯。但在陈列部分应采用显色性较好的荧光灯。在餐厅内可采用各种灯具，间接光常用在餐厅的四周以强调墙壁的纹理和其他特征。背景光可藏在顶棚内或直接装在顶棚上。桌上部和座位四周的局部照明有助于创造出亲切的气氛。在餐厅有必要设置调光灯。餐厅内的背景照明照度可在100lx左右，桌上照明要在300～7501x之间。

（三）商店的照明设计

商店照明应以吸引顾客、提高售货率为标准，要以照明突出商品的优点以引起顾客的购买欲。不同的商品要求不同的照明形式。例如工艺品、珠宝、手表等，为了使商品光彩夺目，应采用高亮度照明；布匹、服装等商品要求照明接近于自然光，以使顾客看清商品的本来颜色；肉类和某些食品最好用玫瑰色的照明，以便使这些食品的颜色更加新鲜。商店的照明为使空间开阔、和谐、统一，最好采用顶灯照明，柜台中和货架上的商品还可加壁灯和射灯，柜台内也可安装荧光灯管，以使商品更加醒目。

1. 商店照明的要求

（1）店外照明应反映出商店的特点和所经营商品的种类。

（2）店内照明应能创造一个舒适明快的购物环境，用以提高顾客的购买欲望。

（3）照明应能突出商品，使之显眼，并能将商品的形状、光色、品质等正确表现出来。

（4）对于不同类型的营业种类、地区环境、建筑样式、陈列方法，根据具体要求设计出互相协调的照明。

（5）室内照明要有一定的灵活性。不管商店的规模如何，商店内部尤其是商品的陈列方法，必须考虑可能的变动。因此，在设计时室内照明要有一定的灵活性，例如给墙面和地面预留一定数量的插座，用以解决商店照明的可变性。

（6）要注意节能和能量的有效利用。在商店经营中，设备运行费在商店收益中占有一定比例，因此，节能和用电设备的合理使用对提高商店效益是很有意义的。例如积极有效地利用节能灯具和高效光源，尤其是聚光灯的使用，对于容量和照射部位要认真研究，以提高商品的照射效果。照明的控制系统，应能根据自然光线的变化对店内外照明进行灵活的控制。

2. 商店照明的重点处理

（1）吸引照明的设计

在商店中为了使更多的顾客见景生情选中目标，照明应起一定的吸引作用。常用的方法有以下几种：尽可能做到从商店门口就能看到商店最里边，而且里边要亮，易于使顾客产生希望入店的心理；将店内进深正面作为第二橱窗，设重点照明，再配合一定数量的点光源，以形成某种格调感；在需要的地方装设醒目的图案及装饰照明灯具。

（2）照明灯具的处理

顶棚较低的商店多采用嵌入式吸顶灯及建筑化照明方式，而不使用向下吊的灯具，以免妨碍商品陈设。嵌入式灯具的点光源为狭配光，均匀度较差，多用作顶棚装饰灯，而不宜作为普通照明使用。低顶棚宜用淡青色，以增加高度感。

顶棚较高的商店采用下吊式灯具，这对空间有一定的装饰作用，以增加繁华热闹的气氛。也可以使用显色性能好的 HID 灯，因为这种灯的光效比荧光灯高，这意味着只要占用较小的一部分顶棚面积就可以提供相同的照度。它还有一个很大的优点是装在顶棚外，维修比较方便。然而应该注意的是，这种灯的亮度很高，应采取一些遮挡措施或光学设施来避免眩光。故它只能用于层高较大的室内，并且这种灯具体积小、功率大，在其周围可能产生高温，因此应适当考虑降温措施。

进深比较大的商店，荧光灯宜作横向布置，并在房间尽头的墙面作重点照明，使之具有较高亮度，光色应与室内装修一致。

墙壁可用暗装灯照明，其作用是使墙壁有较高的亮度，使靠墙的陈列品更加醒目，而且还可以增加商店的热烈气氛。

（3）立柜展示的照明设计

店内只有一般照明时，售货场所显得很平淡、无吸引力，要辅以其他形式的照明，增加活泼气氛。采用立柜展示照明，就很容易引起顾客的注意。这种照明的亮度要求较高，立柜下部容易偏暗，因此，多取柜下面约 1/3 处作为照明目标。光源应加盖遮挡，以防止使顾客产生眩光，并防止光源斜射至展品柜部分。

（4）陈列橱柜的照明设计

陈列橱柜照明的目的主要是为顾客展示商品因此陈列橱柜需要重点加强照明，以利顾客对商品的选择。

应注意的是，任何灯具在发光的同时都会产生一定的热量，会使商品温度和店内温度升高，给商品质量和环境带来不良影响。其克服办法，一是选用在光源内面加吸收或反射红外线涂层的灯具，或者在灯具前部加装遮断热线的玻璃滤光片，以减少红外线的输出；二是在密闭的橱窗内尽量使用荧光灯、低功率小灯泡或采用低噪声风扇强制通风。大面积的嵌入式灯具可考虑选用空调灯具。

七、室内绿色照明与节能

（一）绿色照明的内涵

在人口、资源和环境问题日益凸显的当代，照明设计也应符合可持续发展原则，在西方，一些发达国家相继提出了具体的照明节能的原则，“绿色照明（Green Lights）”“绿色照明计划（Green Lights Program）”等新的理念就是在这样的背景下，由美国环保局（EPA）于 1991 年率先提出的。在此之后，联合国及诸多国家相继制定照明节能政策和照明节能标准以及具体技术对策。目前，绿色照明工程在一些国家已取得越来越大的社会、经济和环境效益。

绿色照明是通过科学的照明设计，采用效率高、寿命长、安全和性能稳定的照明电器产品（电光源、灯用电器附件、灯具、配线器材以及调光控制和控光器件），改善人们工作、生活、学习条件和质量，从而创造一个高效、舒适、安全、经济、有益的环境，充分体现现代文明的照明。

（二）照明节能的主要措施

1. 合理的采光与照明方式

在室内设计中采用合理的采光与照明方式，是解决室内照明用电的一个重要途径。在室内设计中，如果条件许可，则应优先考虑利用自然采光。作为一种免费的光源，利用自然光不仅可以节约能源，并且在视觉舒适度上更符合人的生理和心理习惯。但是，由于自然光只有白天才有，而且经常受到天气条件的制约，给自然光的运用带来了一定的影响。在设计中，采用自然光与人工光的混合照明，不失为一种较好的照明方式。这样可以在户外自然光条件较好时充分利用自然光，一旦天气条件较差时，则可以通过开启人工照明的方式保证室内的光照要求。

2. 科学的照明组织形式

同样的光源，若采用不同的组织形式，其光照的效率将会有很大的差别。直接照明将光线直接投射于工作面上，因而效率最高，如果在工作面的反方向加上灯罩等反射装置，那么，其发光效率将会更高。但直接照明容易产生眩光，应予注意。与直接照明相比，其他各种间接照明虽更有利于气氛的创造与舒适性的提高，但其照射效率都有不同程度的损失，不利于节能。因此，设计师应该根据所涉及空间的现实条件与使用要求，找到功能性、艺术性与节能环保之间的平衡点，真正做到既满足室内空间的功能要求和使用者的生理与心理需求，同时又有利于节约能源，达到艺术性与生态性的完美统一。照明的实际设计中，在可能条件下应尽量多地应用直接照明，以提高照明的效率。如果是工作照明，所选择的光源应该尽可能多地将光线投到工作面上，尽量减少光在透射过程中的损失。还可多用台灯、落地灯等局部照明，以便局部控制，节约用电。

3. 合理使用高光效照明光源

光源光效由高向低排序为低压钠灯、高压钠灯、金属卤化物灯、三基色荧光灯、普通荧光灯、紧凑型荧光灯、高压汞灯、卤钨灯、普通白炽灯。

除光效外，当然还要考虑显色性、色温、使用寿命、性能价格比等技术参数指标合适的基础上选择光源。

为节约电能，合理选用光源的主要措施如下：

（1）尽量减少白炽灯的使用量。白炽灯因其安装使用方便、价格低廉，目前在国际上以及我国的生产和使用量仍占照明光源的首位，但因其光效低、寿命短、耗电高，应尽量减少其使用量。一般情况下，室内照明不应采用普通照明白炽灯，在特殊情况下需采用时，不应采用100W以上的白炽灯泡。最好采用光效稍高的双螺旋白炽灯、充氪白炽灯、涂反射层白炽灯或小功率卤钨灯。双螺旋灯丝型白炽灯的光通量比单螺旋灯丝型白炽灯的提高约10%。在防止电磁干扰、开关频繁、照度要求不高、点燃时间短和对装饰有特殊要求的场所，可采用白炽灯。

（2）推广使用细管径（≤26mm）的T8或T5直管形荧光灯或紧凑型荧光灯。T8荧光灯管与传统的T12荧光灯相比，节电量达10%。T5荧光灯管与T8荧光灯管相比，不但管径小，大大减少了荧光粉、汞、玻管等材料的使用，而且普遍采用稀土三基色荧光粉发光材料，并涂敷了保护膜，光效明显提高。如28WT5荧光灯管光效约比T12荧光灯提高40%，比T8荧光灯提高约18%。

细管径直管形荧光灯光效高、启动快、显色性好，选用细管径荧光灯比粗管径荧光灯节电约10%，选用中间色温4000K直管形荧光灯比6200K高色温直管形荧光灯约节电12%。紧凑型荧光灯光效较高、寿命长、显色性较好，安装简便。随着生产技术的发展，已有H形、U形、螺旋形和外形接近普通白炽灯的梨形产品，使其能与更多的装饰性灯具通用。用它取代白炽灯，可节约电能。

（3）推广高光效、长寿命的金属卤化物灯等灯具品类。金属卤化物灯是光效较高（75～95lm/W）的高强气体放电灯，同时它的寿命长（8000～20000h）、显色性好，因而其应用量日益增长，特别适用于有显色性要求的较大空间。可广泛应用于工业照明、城市景观工程照明、商业照明和体育场馆照明等领域。

（4）逐步减少高压汞灯的使用量。因高压汞灯光效较低、寿命也不太长、显色指数不高，所以今后不宜大量推广使用。不应采用光效低的自镇流高压汞灯。

（5）扩大发光二极管（LED）的应用。LED的特点是寿命长、光利用率高、耐振、温升低、低电压、显色性好和节电，适用于装饰照明、建筑夜景照明、标志或广告照明、应急照明及交通信号灯等。目前5W的LED，其光效达30～40lm/W，具有广阔的应用前景。

（6）选用符合节能评价值的光源。目前我国已制定了双端荧光灯、单端荧光灯、自镇流荧光灯、高压钠灯以及金属卤化物灯的能效标准，在选用照明光源时，应选用符合节能评价值的光源，以满足节能的要求。

4. 合理选用高效率节能灯具

（1）选用高效率灯具

在满足眩光限制、配光要求、减少光污染的条件下，荧光灯灯具效率不应低于：开敞式的为75%、带透明保护罩的为65%、带磨砂或棱镜保护罩的为55%、带格栅的为60%。高强度气体放电灯灯具效率不应低于：开敞式的为75%、格栅或透光罩的为60%、泛光灯具不应低于65%。间接照明灯具（荧光灯或高强度气体放电灯）的效率不宜低于80%。高强度气体放电灯的投光灯具效率不应低于55%（带格栅或透光罩的灯具）。

（2）选用控光合理的灯具

根据使用场所条件，采用控光合理的灯具，使灯具出射光线尽量照在照明场地上，如蝙蝠翼式配光灯具、块板式高效灯具等，块板式灯具可提高灯具效率5%～20%。

（3）选用光通量维持率好的灯具

应选用光通量维持率高的灯具和灯具反射器表面的反射比高、透光罩的透射比高的灯具。如选用涂二氧化硅保护膜、反射器采用真空镀铝工艺和蒸镀银光学多层膜反射材料以及采用活性炭过滤器等，以提高灯具效率。

（4）选用灯光利用系数高的灯具

使灯具发射出的光通量最大限度地落在工作面上，利用系数值取决于灯具效率、灯具配光、室空间比和室内表面装修色彩等。

（5）尽量选用不带附件的灯具

灯具所配带的格栅、棱镜、乳白玻璃罩等附件引起光输出的下降，灯具效率降低约50%，电能消耗增加，不利于节能，因此最好选用开敞式直接型灯具。

第四节　室内空间环境的生态化设计

以住宅为核心的室内环境是现代人最基本也是最主要的活动空间，室内环境对现代人的影响越来越大，它直接影响到人们的生活质量与身心健康，同时也不同程度地影响着人们的工作质量、效率和社会经济发展。近年来，随着社会经济发展和人民生活水平的不断提高，人们对室内环境质量的要求和关注也在不断增强。人们对室内环境的需要已从单纯追求房间数量、面积大小和装饰水平发展为数量与质量、功能与环境并重。在注重室内环境的舒适性、私密性和实用性的同时，也更加追求室内环境的安全性和生态性。人们对室内环境的需求正在向多层次、多标准、多功能、高品质、绿色、健康和个性化方向发展。人们对室内环境需要的变化指出了室内装饰和室内环境设计的方向。目前，以人为本和可持续发展的思想正在越来越多地体现在室内环境设计中，绿色化、生态化、智能化和人性化的室内环境正在成为当今室内环境设计的主流。

一、室内环境生态化设计的内涵

室内环境的生态化设计概念来源于生态化住宅和生态住宅设计，有着丰富的内涵。室内住宅和室内环境的生态化设计开始于20世纪80年代，发达国家在这一时期开始组织起来，共同探索实现住宅建筑的可持续发展道路，如："绿色建筑挑战"（green building challenge）行动等，采用新技术、新材料、新工艺，实行综合优化设计，使建筑与室内环境在满足使用需要的基础上所消耗的资源、能源最少。室内环境的生态化设计是指以可持续发展的思想和以人为本的理念为指导，综合运用当代建筑学、室内设计学、人工环境学和生态学等其他科学技术的成果，合理利用自然条件结合室外环境，创造一个有利于人们身心健康、舒适、美观、环保、高效的室内环境的一种设计实践活动。

室内环境的生态化设计并非一般意义上的绿化，而有着丰富的思想内涵。它是以以人为本理念和可持续发展的思想为指导。在室内环境系统中，人是系统的主体，也是系统的核心。室内环境设计的根本目的是为了改善和提高人们的生活与工作质量，因此以人为本既是一切室内环境设计活动的基本前提，也是检验室内环境设计效果的重要标准。走可持续发展之路、减少环境污染和环境破坏、与自然和谐共处是关系到社会经济发展和人类自身生存的重大问题，作为城市生态系统主要子系统的室内生态系统，对大气环境、森林环境和水环境等主要环境均有不同程度的直接或间接的影响。因此，生态化设计应当围绕减少对地球资源与环境的负荷和影响，创造健康、舒适的居住环境，与自然环境相融合这三个主题，要控制对于自然资源的使用，实现向自然索取与回报之间的平衡，实现高效节能、循环再生、和谐共生的生态化室内环境目标。

二、室内环境生态化设计的标准

室内环境生态化设计的标准可概括为以下五个方面。

（一）具有良好的舒适性

生态化设计的室内环境应当能满足人们的舒适性需要，应具有合理的空间，适宜的温度、湿度，良好的空气品质、声环境和光环境。室内环境的舒适性是生态化设计的基础，不能单纯为了节能而降低室内环境的舒适标准，但舒适也并不意味着盲目享乐和浪费。例如在欧美国家，夏季办公空间的设定空调温度往往很低，工作人员需要着长衣长裤，甚至要穿薄毛衣。这种舒适是建立在对能源、资源的极大浪费的基础上，不符合生态化设计的要求。因为舒适并不意味着健康。

（二）具有良好的功能性

室内环境作为人们工作、学习、活动与生活的一种载体，必须具有其特定的功能性。科学的生态化设计应使室内环境具有良好的使用功能和功效合理性，有助于提高人们的活动质量和效率。

（三）安全健康

生态化的室内环境必须是无污染、无公害、有益于人身心健康的环境。首先，应有良好的通风以获得高品质的新鲜空气；有良好的自然采光，保证可获得充足的日照以实现杀菌消毒；采用无辐射、无污染的绿色室内装饰材料等。在心理健康方面，生态的室内环境既要保证家庭生活所需要的安全性、私密性，又要满足邻里交往、人与自然交往等要求。其次，生态化的室内环境应是与室外环境和谐统一、与自然环境共存共生的环境。住宅应尽可能减少对自然环境的负面影响，如减少有害气体、二氧化碳、固体垃圾等污染物的排放，减少对自然环境的破坏。

（四）高效节能

生态化设计在能源利用上必须达到高效节能的标准。高效是指尽可能最大限度地利用资源和能源，特别是对不可再生的资源和能源。节能是指在设计中不能过分地依赖人工照明、空调等高能耗设备，而应以科学的设计和先进的技术来实现以最低的能源、资源成本去获取最高的效益的目标。同时应尽量采用如太阳能、风能等清洁的绿色能源。

（五）美观

生态化设计应使室内环境具有良好的视觉效果，使人可产生愉快、欢悦的心理与精神功效。这应使室内环境与自然景观和社会文化相融合。生态美学是生态化室内环境不可或缺的灵魂。从美学特征来说，生态化室内环境没有可以套用的模式，它是各门专业相互协调、相互配合、综合作用的科学结果。它合理运用装饰材料固有的美学特性，发挥材料最大的物理性能，不矫揉造作；高技术的条件下，它能显示建造技术的精密、严谨；适用技术的条件下，它能体现纯朴、自然、宽容的态度。

三、室内环境生态化设计的要点

（一）创造绿色的室内环境

绿化环境是生态化环境的重要组成部分，要创造出一个健康的室内绿化环境，既要充分利用阳光等自然因素，又要合理选择绿色植物，通过室内植物景观设计来营造室内绿色环境。室内环境绿化应注意的问题大致有以下几种：

（1）根据空间大小，选择植物尺度。室内空间和面积较大时，适合选择体积较大的植物和盆景，比如棕榈树。室内空间和面积较小时，宜选择体积较小的植物和盆景。空间较矮的室内，不宜布置过多的悬垂绿色植物，否则会产生压抑感和拥挤感。

（2）根据空间的使用功能，选择和布置植物。功能性是室内空间设计的首要特征及要求，因此，选择和布置绿色植物时也应根据室内的功能特点，充分利用植物分隔空间、组织空间、填补室内空间的死角、平衡及缓和或掩盖略显不足的建筑结构来美化空间。

（3）根据室内空间的风格，选择植物的类型及色彩。不同的绿色植物有不同的形态和色泽，并表现出不同的性格和气氛。在选择植物时，应考虑其与室内空间的设计风格、气氛和色彩协调一致。

（4）选择合适的植物容器。植物容器的大小应与植物的大小相匹配，质地和造型风格也应与室内风格相协调。

（5）充分考虑植物的习性。选择植物时，应了解植物的习性和特点。根据对阳光的需要程度不同，植物分为阳性植物、阴性植物、半阴性植物。室内空间一般没有阳光照射，宜多选用阴性植物和半阴性植物。

（6）充分利用水景、石景共同构建室内空间绿化景观。水是绿化景点设计中常用的景素。水景可以调节室内气候，可以成为绿化的构景中心，可以创造生动意境，使空间富于生命力。静态的水体给人清静幽雅之感；动态的水体给人生动活泼之感，如喷泉、瀑布能使空间充满生命力。

山石因其独特的形状、纹理、质感和观赏性强的特点，也是绿化设计中不可缺少的材料，经常与植物、水景共同构建绿化景观。常用的山石种类有湖石、英石、黄石、斧劈石、石笋、珊瑚石等。

室内空间有绿色植物、水景、石景共同构建的绿化景观，再配上背景音乐，会使整个室内空间具有令人心旷神怡的意境，增添室内空间的感染力。

（二）室内与室外协调统一

室内与室外协调统一是生态化设计整体优化原则的要求。通过室外绿化（包括屋顶绿化和墙壁垂直绿化）和水体，进一步改善室内外的物理环境（声、光、热）。利用园林设计来减少热岛效应，改善局部气候，保证小区内的温度、湿度、风速和热岛强度等各项指标符合健康、舒适和节能要求，为室内环境营造一个良好的外部环境条件。

第五节　室内空间环境的智能化与人性化设计

一、室内环境的智能化设计

智能的室内环境是当前信息时代的产物。随着社会发展和科技进步，人们对室内环境的功能和质量要求也在不断变化，不仅要有良好的环境品质，还要有先进的管理控制手段和获取各种信息的便利途径。利用计算机网络和系统化的智能终端对室内环境进行管理、控制和实现远距离信息传输的智能化室内环境，正是现代人对信息时代室内环境需求的集中体现。

（一）智能化室内环境与智能建筑

智能化室内环境是指综合运用了计算机技术、自动控制技术、通信与网络等技术，通过系统集成将各种室内设备连接起来形成一个可实现室内自动化监测、通信、办公、管理与控制的室内智能系统，并以此为基础而创造出的安全、便利、舒适、高效的室内环境。

智能化室内环境的概念是与智能化建筑（Intelligent Building，IB）联系在一起的，智能化建筑是指拥有智能化室内环境的建筑物。智能化建筑包括智能化大厦、智能化住宅、智能化办公楼、智能化饭店、智能化体育馆等各类具有不同功能的建筑体。

智能化室内环境是从室内人—机—环境系统角度对室内智能化设计所下的定义，它突出了建筑室内环境中人、机、环境间，特别是室内设备与环境间的相互关系与联系方式。智能化建筑是指运用相关技术、通过智能化设计的建筑体室内环境的智能化功能。两者并没有实质的区别。

智能建筑兴起于20世纪80年代。1981年，美国联合科技建筑系统公司（United Technology Building System co，UTBS）提出对康涅狄格州的哈佛城市大厦进行信息技术改造，并于1983年成功实现。UTBS公司主要负责控制和操作建筑物的公用设备，如空调、给水、事故预防设备，为用户提供计算机设备和网络、电话交换机等，使住户可以取得通信、信息技术服务，使建筑物功能产生了质的飞跃，用户获得了舒适、高效、安全、经济的良好环境。这被公认为全球第一座智能建筑。

自第一座智能建筑诞生后，智能建筑蓬勃发展。接着，日本、英国、法国等发达国家也开始积极建造智能建筑。1984年，日本引进了智能建筑的概念，相继建成了野村证券大厦、安田大厦、KDD通信大厦、标致大厦、NEC总公司大楼、东京市政府大厦、文京城市中心、NIT总公司的幕张大厦、东京国际展示场等。法国、瑞典、英国等欧洲国家，以及中国香港、新加坡、马来西亚等地的智能建筑也发展迅速。智能建筑的数量以美国、日本为最多。据统计，日本新建的建筑物中60%以上属于智能建筑，美国新建和改造的办公楼约70%为智能建筑，智能建筑总数超过万座。

国际上智能建筑的不断涌现以及相关技术的迅速发展，引起了我国学术界、工程界和有关部门的高度重视。

1990年建造的北京发展大厦，堪称我国第一座智能建筑。随着房地产的发展，我国智能建筑也得到发展，开始在经济高速发展的城市，如北京、上海、深圳、大连、海南等地，相继建成具有不同水平的智能建筑，建筑物类型有邮电、银行、海关、空港、码头、商业、办公、体育及旅游宾馆等。

20 世纪 90 年代，智能建筑在我国高速发展，如中国国际贸易中心、京广中心、上海博物馆、上海金茂大厦、深圳发展大厦、福州正大广场、武汉金宫大厦、武汉中南商业广场、广州国际大厦、广州时代广场、深圳地王大厦、深圳发展大厦、珠海机场、西安海星大厦、浙江日报大楼、杭州浙江世贸中心大楼、浙江国际金融大厦等相继建成。不仅在武汉、西安等大城市出现了智能建筑，像乌鲁木齐这样远离沿海的西部地区也建造了智能建筑。

如此巨大的智能建筑工程，形成了一个广阔且具有无穷潜力的市场，同时在实践中培养和锻炼出一支庞大的技术队伍，如建筑设计院和安装公司以及系统集成企业。国外产品纷纷进入市场，我国自有技术产品也得到发展和应用。

2000 年我国出台了国家标准《智能建筑设计标准》，该标准充分体现了智能建筑系统集成应该主要以楼宇自控系统为主进行系统集成及利用开放标准进行系统集成的观点。同年原信息产业部颁布了《建筑与建筑群综合布线工程设计规范》和《建筑与建筑群综合布线工程验收规范》，这些国家级标准规范的制定，为我国智能建筑健康有序的发展提供了保证。2006 年新的《智能建筑设计标准》发布，2007 年新的《综合布线系统工程设计规范》和《综合布线工程验收规范》发布，我国智能建筑工程设计和施工建设规范趋于成熟。

中国对智能建筑的最大贡献是开发智能小区建设。在住宅小区应用信息技术主要是为住户提供先进的管理手段、安全的居住环境和便捷的通信娱乐工具。2012 年“十八大”报告中所提到的“新型城镇化时代”的到来，给日臻成熟的智能建筑市场带来了一个新的发展机遇。据不完全统计，到 2005 年为止全国已建成 4500 幢智能大厦；智能住宅小区则数以万计；今后十年，在数量上还将增长一倍。外刊预测，21 世纪全世界一半以上智能楼宇将兴建在中国大地。

（二）智能化室内环境设计的主要内容

传统建筑通过复杂的建筑与室内环境设计为人们提供一个良好的声、光、热、风环境。与传统的室内环境相比，先进的智能化的建筑则是通过各类室内传感器来监测室内环境变化情况，并经过分析和判断进行自动控制，从而将室内环境质量控制在最佳范围内。此外，还可以通过计算机及相应设备对室内环境实现信息处理、监控和管理等智能功能。

目前已开发出用于住宅环境的管理系统，如清华同方推出的家庭智能管理系统、泰通公司的 IHC2000 智慧屋和美国的西蒙住宅布线系统等，都可以实现家用电器室内报警系统的自动控制和管理。室内环境系统的智能化功能是借助于智能化管理系统来实现的，目前国内的智能化住宅环境系统一般包括家庭中心控制器、安全监控系统、紧急呼救系统、家庭自动化控制系统及通信系统等主要内容。

1. 家庭中心控制器

家庭中心控制器是智能化室内环境系统的核心部分，用来对家庭中的家用电器、安全防范及能耗信息等设备进行集中管理和控制，它通常采用软硬件功能模块化设计、图形操作界面、状态显示灯和液晶显示屏、对讲话筒及声光报警装置等。它一方面与室内智能系统的各子系统相连，另一方面通过局域网与小区管理中心的主机或广域互联网相连，从而实现与管理中心的信息交流或远程控制管理。

2. 安全监控系统

安全监控系统是智能环境的重要组成部分，主要包括周边及环境防盗报警系统、楼宇对讲系统、家庭防盗报警系统。

（1）周边及环境防盗报警系统

周边及环境防盗报警系统由红外线发射器和接收器、报警主机及传输线缆组成。在住宅区四周围墙上装设若干组红外线发射器和接收器，当红外线接收器探测到有人越墙而入时，报警主机即发出报警信号，并显示报警区域。报警主机还可向 110 报警中心自动报警。

① 闭路电视监控系统：由摄像机、矩阵控制器、录像机、监视器、传输线缆等组成。在住宅区重要区域和公共场所安装摄像机，让控制室内值班人员通过电视墙一目了然，全面了解住宅区发生的情况。保安中心能通过录像机实时记录，以备查证；通过矩阵控制器在控制台切换操作，跟踪监察。周边环境红外线信号可作为相应区域摄像机报警输入信号，一旦报警，相应区域的摄像机会自动跟踪。系统控制部分采用智能数字图像运动跟踪报警器来实现全组操作控制。

② 巡更系统：巡更系统由现场电子签到器、保安中心电脑和传输线缆组成，用于规范保安员上岗情况。电子签到器设在住宅区内主要道路、盲点、死角等处；中心电脑事先存储保安员巡更路线、签到时间等。若保安员未签到时，中心电脑会立即提醒值班人员去了解情况并及早发现问题。

（2）楼宇对讲系统

楼宇对讲系统由对讲主机、室内分机、管理主机和传输线缆组成。在住宅区内设可视对讲，户主可直观地了解访客情况，控制门锁开启；各栋对讲主机与保安中心管理主机联网，保安中心可随时了解住户求救信号。

（3）家庭防盗报警系统

① 门磁报警：门磁报警安装在大门、阳台门和窗户上。当有人破坏单元的大门或窗户时，门磁开关将立即将这些动作信号传输给报警控制器，进行报警。

② 玻璃破碎探测器：玻璃破碎探测器一般安装在单元窗户和玻璃门附近的墙上或天花板上。当窗户或阳台门的玻璃被打破时，玻璃破碎探测器探测到玻璃破碎的声音后即将探测到的信号传输给报警控制器进行报警。

③ 红外探测器：当有人非法侵入后，红外探测器通过探测到人体的温度来确定有人非法侵入，并将探测到的信号传输给报警控制器进行报警。

（4）家庭事故报警系统

① 病人传呼：病人传呼器主要安装在起居室和卧室，并且智能控制器也有此项功能。在遇到意外情况时，可及时按下紧急呼救按钮向保安部门或其他人进行紧急呼救报警。

② 火灾报警：在厨房、起居室和主要卧室安装烟感探测器，一旦发生火灾，探测器会立即启动家庭智能控制器发出声光报警，提醒住户，同时把讯号发到小区控制中心。

③ 毒气报警：家庭内的毒气主要是煤气的泄漏，当室内煤气超过正常标准时，煤气

泄漏报警启动，通知管理中心，并关闭煤气阀门，启动排气装置。报警器安装高度分两种：当所燃烧的气体（如一氧化碳）比空气轻时，则报警器安装在距房梁0.3m处；当所燃烧的气体（如丙烷）比空气重时则安装在距地面0.3m处。

3. 家庭电器设备自动化控制系统

对家电设备的控制主要是对其进行启、停控制，其控制可分为分散控制和集中控制。现在进入家庭的家电产品越来越多，单体分散控制已日显不便。目前在智能室内环境系统中已经综合应用了网络通讯、自动控制、无线通信及遥控遥测技术，通过室内环境因素传感器和装有模糊判断、逻辑分析等程序的智能化环境系统的中央控制器，根据环境因素变化和优化分析后的室内环境需要进行自动调节，也可通过电话或互联网实现对家用电器设备进行异地户外远程智能化控制。

4. 通信系统

通信系统（communication system）是指利用公共通信网和双向有线电视网络（CATV）与外界通信交流。信息技术和互联网技术的飞速发展使人们的通信方式和手段不再仅局限于普通电话和传真机。通过宽带网可将微机、打印机等办公自动化设备，电视、音响等声像设备以及电话、传真机等数字通信设备融为一体，实现远程教育、网上购物、异地办公和家庭娱乐等。

二、室内环境的人性化设计

伴随着科学技术发展和人类文明进步，在卖方市场条件下，消费者的需求差异日趋显著，自我意识、个性化的风格和审美情趣，越加明显地反映在室内环境设计上。人们要求室内环境设计既能满足工作、生活、学习和休闲等基本需要，又要满足人们在审美、精神和心理等更高层次的需要。人性化的室内环境已成为现代人对室内环境设计的主要需求。人性化设计是一种全新的设计概念，目前尚处在探索阶段，还没有形成系统设计理论。但随着科学技术的发展，在室内设计中，人性化的成分正在明显增强，人性化设计将成为创造理想室内环境的主要设计方法。

（一）人性化设计的内涵

人性化设计是指以以人为本的思想为指导，以满足人的物质、精神、生理和心理等诸方面的要求为前提，以人工智能为手段，以创造出安全、舒适、宜人的室内环境为目标的室内环境设计方法。

人性是人们所共有的一种本性，它表现为人所特有的丰富的精神与心理活动。人类的心理和精神需要与环境中物质力的发展并不平衡，从而产生了人性与技术的冲突。这种冲突也体现在忽视人的生理与心理需求的传统室内环境设计中。

在室内人—机—环境系统中，人是室内环境系统的主体，也是室内环境系统的核心。室内环境设计的目的，是为了能更好地满足人们生活、学习、工作和休闲等活动对室内环境的不同需要。因此，在室内环境设计中，只有将人的因素放在首位，以适应和满足人的需要为前提，才能够创造出一个人与室内家具、室内设备、室内空间和室内环境相互依存、协调统一的室内环境系统。人性化设计作为一种全新的设计理念和方法，它是以以人为本的思想为核心，以满足人的物质、精神、生理和心理需求为前提，通过精心设计的室内环境，使精神与技术相协调、生理性需要与心理性需要相统一。

（二）人性化与生态化、智能化的关系

生态化、智能化和人性化设计都是近年来在室内设计中出现的新的设计理念和设计方法，它们既有区别，又有联系。将生态化、智能化和人性化设计联系在一起的主线是“以人为本”的指导思想。生态化设计是在以人为本的思想基础上，突出无污染、无公害、绿色环保、低资源破坏、低能耗和可持续的生态特征。智能化则是在以人为本的思想基础上，强调了运用先进的科技手段对室内环境进行有效管理和控制智能特点。生态化与智能化设计都带有一定程度的人性化成分，是在向人性化方向发展中的两种不同形式。

（三）人性化室内环境设计的内容与要求

1. 最大限度满足人的生理需求

生理因素指人在体能、感官、健康，如人的舒适感、疲劳感、热感、冷感等方面的因素，由人的生理特征所决定的人体尺度所造成的在各个工作面上工作的方便程度、合理程度，以及人的生理健康因素等。

（1）遵循人体工程学的相关原则

人体工程学是一门以心理学、生理学、解剖学、人体测量学等为基础，研究如何使人—机—环境系统的设计符合人的自身结构和生理、心理特点，以实现人—机—环境之间的最佳匹配，使处于不同条件下的人能够有效地、安全地、健康地和舒适地进行工作与生活的科学。

建筑的主要目的是为人所使用，而使用的实际场所主要是在室内空间。建筑室内环境中任何一个部分的尺寸，除了构造要求外，绝大部分与人体尺寸有关。因此符合可持续要求的室内环境设计应该把人的因素放在重要地位，在保证可持续发展的前提下，运用人类工程学原理，以人的使用为最终目的，安排每一寸空间，积极地创造更舒适、更合理的建筑内部空间环境。

以往对于室内空间的理解，人们往往多注重其形态、风格等视觉效果。现代主义认为，建筑的“空间”是建筑主角，但所讲的“空间”却是一种狭义概念上的空间，更多的是从空间的“视觉”效果上来考虑的，其所谓的“尺度”也主要是从比例、体量关系上来讲的，所以是不全面的。人性化室内空间环境应该是指“可使用的空间”（workable space），它不只是空间本身，还应包括其中的环境条件，家具、设施等的具体尺寸数据，以及室内空间中温度、湿度、通风、采光、噪声、空气品质等物理性能。从人性化的角度来看，一个“中看不中用”的空间实际上是毫无意义的，它与一件陈列品没有什么两样。

在室内空间中，人类工程的概念应从下面几个方面来理解：

第一，在人类工程学的三个主要方面——人、机、环境中，“人”是最重要的。人的生理特征、心理特征以及人的适应能力都是重要的研究方面。“机”应该是一个全面、广泛的概念，它包括使用者在空间所涉及的一切物质和工程系统，如家具、设施等建筑内部一切与人有关的物件。这些元素应该能够最好地满足人的要求，符合人的特点，而“环境”则指人们工作和生活的空间中，围绕在人周围的物理、化学、生物、社会和文化等各种因素。

第二，系统思想：人类工效学不是孤立地研究人、机、环境这三个方面，而是从系统的高度出发，将它们看成是一个相互作用、相互依存的系统，是一个有机的整体。就室内环境而言，只有当所有这些因素彼此间达到某种平衡，才可以说是“可持续”的。

第三，效能：“效能”主要指人在特定的室内环境中的工作效率和业绩。这里所说的效率，应该是数量与质量的统一，是工作速度和工作质量的统一，只有数量而没有质量，或只讲质量而不讲数量，都不是“高效能”的，因此也不可能是“可持续”的。

第四，健康与安全：包括人的身心健康和安全。近年来发现人的心理因素直接影响生理健康和作业效能，所以符合可持续发展原则的室内环境应该同时满足人的生理和心理需求。人的健康受许多因素的影响，例如：有毒的气体、过强的噪声、过高或过低的温度、过重的劳动强度、不合理的工作面尺寸等都会对健康产生不良的影响。因此符合可持续发展原则的室内环境应该以人的相关要求为依据，为使用者提供满意、舒适、健康的工作和生活场所。

（2）合理运用智能化设计

室内环境的智能化设计，是实现室内环境人性化的一个新型途径。智能化的范围越来越广，从能根据使用者的活动情况自动调节室内照明和温度的自动感应系统，到能够理解人类思维的智能机器人。随着现代科技的发展，建筑运行与室内用品的智能化正在逐渐走入普通居民的家中。

例如海尔提出的 U－HOME 智能化生活方式可以实现人与家电、家电与家电、家电与外部网络、家电与售后体系之间的信息共享，“主动的”网络服务在家中随时随地存在，可实现人与物、物与物、物与环境的无障碍通信。在实现 U－HOME 智能化生活方式的家庭里，可以通过电视收看从网络接收的各类高清节目，并监测房间内外的所有情况，智能化的电器可以为主人提供购物清单。不在家里时，也可以通过手机轻松掌控家里的一切情况：可以在下班的路上预先开启家里的空调；可以随时观察家中老人和孩子的安全，甚至在家中老人忘记关闭天然气就已经入睡时，手机还会及时发出通知，即使远在异地也可以即刻通过手机操控设备自动关闭天然气。

2. 最大限度满足人的心理需求

人性化的设计，还表现在对人的精神功能的满足上。人的精神功能由人的心理因素所决定，所谓心理因素是指人在特定环境下所产生的心理感受，如惊惧、恐慌、烦躁、欢乐、轻松、沮丧、松弛感、压迫感等，这些心理感受与工作和生活的质量有着十分密切的联系，不健康的心理因素会导致生理上的损害。

因室内环境设计中对心理功能考虑的不足而引起的问题，在日常生活中随处可见。比如在设计平淡、缺乏个性的“排排坐”式布置的办公室中，人们的工作效率将严重下降。从办公人员极力利用家人照片、盆栽、文具等小摆设来“个性化”自己工作区域的情形，就可以看出人们心理对于个性化的渴望。

对人的心理需求的满足，必须通过各种可能的途径来实现，即使室内环境设计能够很好地符合人的生理特性，也只能达到人的最基本的心理需求。但是，人的精神功能比人的物质功能要复杂得多，仅凭一些机械的数据是远远不够的，设计师应该运用自己的艺术才华，来提高设计的艺术水平，更好地满足使用者的精神需求。

（1）满足使用者的个性需求

所谓个性，就是与众不同之处。就如每个人都会有自己的个性一样，室内环境设计也应该表现出自己的独特个性。既然室内环境设计是一门艺术，就应该有自己独特的艺术个性，可以反映设计师的个性，也可以反映使用者的个性。如果是公共建筑的室内环境设计，那么设计更多的应该反映出设计师的个性，使其具有与其他室内环境的强烈不同之处，也就是有自己的特色。如果是住宅室内环境设计，那么，除了要反映设计师的个性以外，还必须符合用户自己的个性化需求。只有在这两种个性需求同时得到满足的情况下，才能既满足用户的精神需求，同时又使设计师有最好的个性发挥。因此，不管进行何种类型的室内环境设计，设计师都应该很好地研究用户需求，设计师的设计越来越依赖于反馈情报，依赖于对消费者人性化需求的满足。满足客户们提出的一切要求已经成为设计师工作的一个组成部分。

（2）符合使用者的生活习惯

地域环境、历史文化、经济条件、受教育程度、文化背景、工作性质、生活方式等造就了不同人的不同生活方式和个人爱好。在室内环境中，无论是功能布局、室内用具还是设计风格，都应该符合使用者的生活习惯和兴趣爱好，只有这样才能使使用者具有如家的感觉，俗话说“金窝银窝不如自己家里的草窝”，说的就是这个道理。其实住宅是这样，诸如办公空间之类的公共建筑也是这样。

要达到这一目标，并没有什么固定的模式，关键是设计师必须与业主充分沟通，以充分了解业主的生活习惯和兴趣爱好，并在设计中想方设法去满足业主的这一需要。比如说，知识分子家庭需要的可能是更多的书架，演艺工作者可能需要一个正规的化妆间和较多的衣柜，而普通工人则可能需要有一个工具储藏间；有些人喜欢养鱼，有些人喜欢种花，有些人则喜欢饲养小动物，相应的室内设计中就应该安排这样的空间场所；在生活习惯方面，有些人喜欢边看电视边喝茶，沙发旁边最好要有一个饮水机；有些人喜欢在马桶上看书，那么马桶边就应该有放书的地方。

总之，个人爱好千差万别，设计师应该运用某种设计手段来体现使用者的这些爱好，使其能在方便生活的同时又得到最大的精神满足。

第五章　不同类型的室内空间设计与案例分析

第一节　居住空间设计与案例分析

居住空间设计要遵循以人为本的原则，充分考虑到住户的需求。无论是高楼大厦，还是陋室蜗居，人们置身其中就与空间环境发生了关系，设计师要做的就是通过自己创造性的设计来处理和协调好各种关系。室内设计分为三层结构：物质形式为表层结构，人的活动为中层结构，人的观念意识形态为深层结构。完美的居住环境是三个结构层次的和谐、互动、统一，这样才能创造出精品的家居空间。而要达到这样的理想结果，设计师必须与居住者进行交流与沟通。设计交流与沟通是指设计师与客户彼此尊重、相互配合的一种双方互动的关系。

在设计之前，设计师要仔细地分析和充分地了解空间设计中的问题，拿出解决的办法。

对使用者的需求和对设计风格的偏好，确立一个设计的目标，了解投资意向和心理装修价位，便于设计师确立装修的方式与档次以及美学形象和风格的取向。依据使用者对空间功能的需要，决定对可变空间进行分隔和重组，做好空间规划设计。这些信息与要素的处理，需要设计师与使用者进行交流与沟通，并分析和收集相关的信息，因为信息将帮助设计者理解问题的本质，做出正确的判断从而更好地把握好设计。设计的目的不仅是为了形式上布满空间，而是让空间体现出内涵，真正的设计应该是为了给使用者创造新的空间，使他们对新生活环境充满期待。

一、居住空间设计及其要点

居室是我们每个人生活中接触最频繁的室内空间类型，它与人们生活的联系最为密切。在现代化生活方式的影响下，其空间不外乎由各间被建筑框架划分而成的可供家庭成员团聚、会客、视听、睡眠、学习、工作之用的客厅、餐厅、卧室、书房、厨房、浴厕所组成。虽从设计的复杂程度而言，居室空间远不及公共室内空间，但它对使用者安全感、舒适度与人性化的关注却丝毫不亚于其他室内空间类型，甚至更被寻常百姓所热衷。也可以说，在物质条件越来越充裕的当下，如何通过这一空间类型来表达人们对不同风格、不同精神品位的诠释，更是当下居室设计所要关注的重点。

（一）玄关设计

玄关作为住宅通向室内的过渡性空间，它的功能和特征是建立一种“门面”意识，这种意识满足了中国人特有的审美习惯。有可能的话，应使其设计不要让人从玄关直接看到客厅和就餐区域，同时给即将进入的空间带来一定的私密性，并且给人以空间宽敞的感觉，吸引人进入下一轮空间，这就是玄关设计的作用。

（1）重点装饰

玄关是兼有流动空间的过渡空间，是给人获得第一好感并期待进入下一正式室内空间稍作停留的区域，是居住空间设计起笔的开始，显然是很重要的。玄关也是整个居住空间设计元素的选择与构筑整体空间形象的起点，应用心地进行装饰，使玄关具备识别性强的独特面貌，以体现住宅使用者的个性和家庭品位。

（2）体现功能

玄关的面积通常不大，但它的使用效率很高，这一空间内通常需设置鞋柜、挂衣橱、存包空间等，面积允许时也可放置一些陈设物、绿植、景观等。

（二）客厅设计

客厅在家庭生活中扮演着重要角色，是家庭的活动中心，是接待亲友、宾主交流的空间场所，是家居中使用频率最高的空间。从设计角度看，客厅的设计是体现家居设计格调与风格面貌的浓重之笔，也最能体现使用者的地位、身份、爱好和审美品位。

客厅按使用功能可划分为聚谈区、展示区、娱乐区、阅读区等，这些功能可根据不同的家庭情况进行调整。

（1）客厅是谈聚中心。宾客所至一般都聚集在客厅中，要具有一定的使用面积与空间，客厅的沙发一定要舒适，家具摆放合理；照明要适度，关键区域有强光照明再配合其他室内的陈设，如靠枕、地毯、茶具等陈设品来装饰优雅的空间，烘托空间气氛。

（2）客厅是展示中心。业主的爱好和平时的收藏一般都会放在客厅里进行展示，设计师在进行设计时要结合藏品的特点，合理有效地对客厅空间做装饰布置。

（3）客厅是音像娱乐中心。大部分业主在客厅的重要位置上摆放钢琴、古筝或其他乐器，使客厅充满文化艺术气氛，达到以乐会友、以乐娱客的目的。在一般家庭的客厅里大多都放置电视机，所以电视背景墙往往成了家居设计和装饰的重点。

（4）客厅也是阅读中心。客厅的朝向与开敞的阳台相连，自然采光效果好，空间舒适、安静，适合休闲与阅读，在此还可以配置舒适的扶手椅、书架、靠枕、茶具等。

总之，客厅空间设计要舒适开敞、优雅悦目、具有个性，这是每个家庭共同追求的目标，同时设计师也应注意在客厅多用笔墨，设计风格要趋向明确，空间形象要体现使用者的意图，并与设计师的独具匠心相结合，达到实用与美观、整体与局部均相互统一的室内空间效果。

（三）餐厅设计

餐厅是家庭进餐的场所，也是宴请亲朋好友交往聚会的空间。餐厅设计除了要同居室整体设计风格和样式相协调之外，还要特别考虑餐厅的实用功能和美化效果。一般餐厅在陈设和设备上是具有共性的，那就是简单、便捷、卫生、舒适。餐厅的设计应注意以下几点：

（1）在空间允许的情况下，最好设立独立的餐厅空间，独立的餐厅可以保证进餐的私密性。

（2）餐厅的顶棚设计要求上下对称呼应，其几何中心对应的是餐桌。顶棚在造型上以方形和圆形居多，造型内凹的部分可以运用彩绘、贴金箔纸等做法丰富视觉效果。餐灯的选择则应根据餐厅的风格而定。

（3）餐厅的墙面设计既要美观又要实用。酒柜的样式对于餐厅风格的体现具有重要作用。欧式风格的餐厅酒柜一般采用对称的形式，左右两边的展柜主要用于陈列各种白酒、洋酒，中间的部分可以悬挂和摆设一些艺术品，起到装饰的作用。中式风格的餐厅酒柜则可以采用经典的中国传统造型样式，如博古架。

（4）餐厅的地面应选用表面光亮、易清洁的材料，如石材、抛光地砖等。餐厅的地面可以略高于其他空间，以 15cm 为宜，以形成区域感。

（四）厨房设计

厨房是人们进行烹饪，与家庭成员间展开情感交流、享受生活的重要空间。在现今人们对物质生活水平要求越来越高的背景下，厨房的设计早已步入了专业化行列，众多品牌的整体橱柜产品的出现，说明厨房已成为家庭装修的一个重要空间。它们设计的优劣不仅关乎视觉效应，更涉及厨房空间利用率的提高、用具的分门别类、存取便利的考量、内部结构的人性化设计、操作空间的合理分区等诸多问题。

厨房的空间组织形式一般有 U 形、L 形、半岛式、岛式以及走廊式等。

（1）U 形厨房（图 5-1）。工作区共有两处转角，空间要求较大。水槽最好放在 U 形底部，并将配膳区和烹饪区分设两旁，使水槽、冰箱和炊具连成一个正三角形。根据我国住宅厨房有关规定，U 形厨房最小净宽为 1900mm 或 2100mm，最小净宽长度为 2700mm。

图 5-1　U 形厨房

（2）L 形厨房（图 5-2）。将清洗、配膳与烹调三大工作中心，依次配置于相互连接的 L 形墙壁空间。最好不要将 L 形的一面设计过长，以免降低工作效率，这种空间运用比较普遍、经济。根据我国住宅厨房有关规定，L 形厨房最小净宽为 1600mm 或 2700mm，最小净宽长度为 2700mm。

图 5-2　L 形厨房

（3）半岛式厨房（图 5-3）。半岛式厨房与 U 形厨房相类似。其烹调中心常常布置在半岛上，而且一般是用半岛式厨房与餐厅或家庭活动室相连接。

图 5-3　半岛式厨房

（4）岛式厨房（图 5-4）。这个“岛”充当了厨房里几个不同部分的分隔物。通常设置一个炉台或一个水池，或者是两者兼有，同时从各边都可以就近使用它，有时在“岛”上还布置一些其他设施，如调配中心、便餐柜台、附加水槽及小吃处等。

（5）走廊式厨房（图 5-5）。走廊式厨房将工作区沿两面墙布置。在工作中心分配上，常将清洗区和配膳区安排在一起，而烹调独居一处。适于狭长房间，要避免有过大的交通量穿越工作三角，否则会感到不便。根据我国住宅厨房有关规定，走廊式厨房最小净宽为 2200mm 或 2700mm，最小净宽长度为 2700mm。

图 5-4　岛式厨房

图 5-5　走廊式厨房

（五）卧室设计

卧室的功能就是能睡眠和休息，安静和隔声是对卧室的最基本的要求，其次重要的就是卧室的私密性和安全感。

（1）卧室的家具。根据卧室的大小选择双人床、单人床或圆床、床头柜、衣橱或专用衣帽储藏间、休息椅、电视柜、梳妆台等。

（2）卧室的色调。一般来说，卧室的色彩处理应淡雅，色彩的明度要稍低于起居室。卧室更注重的是软装潢，像窗帘、床罩、靠垫等在色彩和质感上都应精心设计。

（3）卧室的光源。卧室照明应有整体照明和局部照明，但光源应采用倾向于柔和的间接照明形式，空间中还可适当配置一些具有生活情趣的陈设品，以营造温馨的氛围。

（六）卫生间设计

卫生间是住宅必备的配套空间，一般都有两个卫生间，一间供主人卧室专用，另外一间供公共使用。

卫生间的整体风格设计应趋向于色调淡雅、整洁卫生，用材上要容易清理，样式以呈现清新明快为佳。

卫生间的基本设备有面盆、浴缸或淋浴房、卫生洁具、洁身器、浴霸等，这些设备的品牌应选择标准的。

卫生间的给水与排水系统，特别是污水管道，必须合乎国家质检标准。卫生间还应有通风、采光和取暖设施，地面防水、防滑、地面排水斜度与干湿区的划分应严格按设计规范执行。

在照明上，卫生间应注意防水和防潮，特别在梳妆区宜用反光灯槽，以取得无影的局部照明效果。通常冬天室内有供暖设施或设置电热灯取暖设备。

（七）书房设计

书房是居室空间中私密性较强的空间，是作为阅读、学习和家庭办公的场所。书房在功能上要求创造静态空间，以幽雅、宁静为原则。书房一般可划分为工作区和阅读藏书区两个区域，其中工作和阅读区要注意采光和照明设计，光线一定要充足，同时减少眩光刺激。书房要宁静，所以在空间的选择上应尽量选择远离噪声的房间。书房的主要功能是看书、阅读和办公，长时间的工作会使视觉疲劳，因此书房的景观和视野应尽量开阔，以缓解视力疲劳。藏书区主要的家具是书柜，书柜的样式应与室内的整体设计风格相吻合。

二、居住空间设计案例分析

本案例为一个总面积 $103m^2$ 的高层住宅，设计师巧妙地利用了弧线，将就餐区和书房分割开来，玄关处不同材质的利用和入口正对的一个造型隔断的设计，使得走廊狭长的感觉减少了很多。同时，将主卧室和小孩房的入口处经过精心设计，减少了浪费面积，增大了使用功能。卫生间和厨房处的改造也利用了同样的设计手法（图 5-6、图 5-7）。

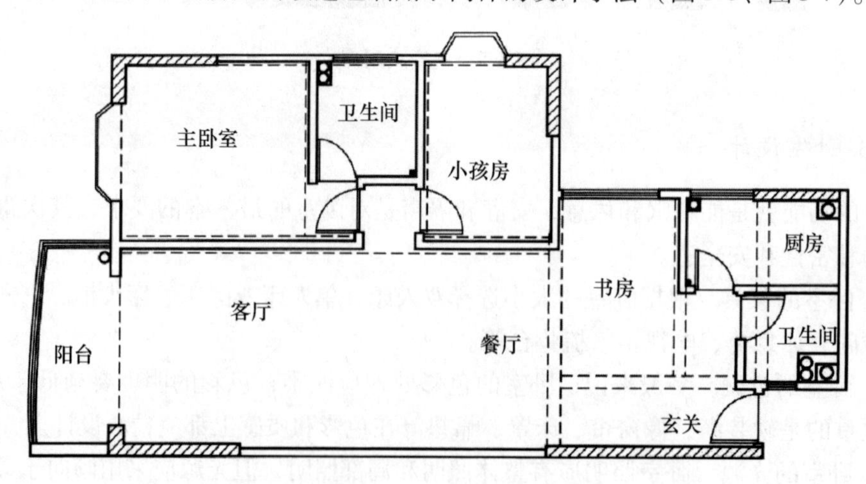

图 5-6　设计前平面图，走廊狭长，餐厨位置有待改造

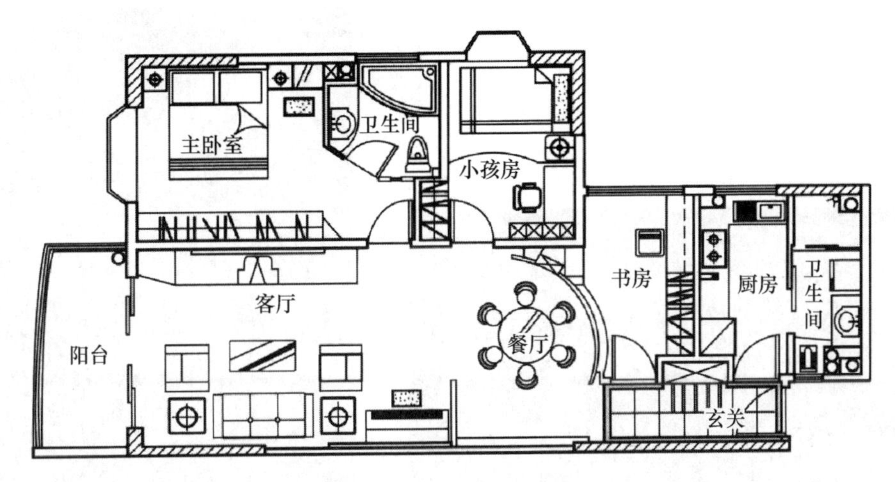

图 5-7　设计后的平面图

图 5-8 所示为就餐区，简洁的半弧形红影背景墙营造了协调的就餐环境，这张充满后现代主义风格的餐台，其功能可伸可缩，能满足不同人就餐。

图 5-8　餐厅一角

图 5-9　玄关通道

图 5-9 所示为玄关设计，狭长而单调的通道，经过规划，巧妙地将鞋柜置于墙内，并以银镜装饰。地面则以爵士白、黑金沙搭配，高贵大方。

图 5-10 所示为客厅，客厅设计采用了大量块状几何体的设计手法，并巧妙地利用暗藏光源，显得简洁、大方。

图 5-11 所示为餐厅对面，墙面以白色条状处理，突出了红影的台面，简洁的配饰，增加了就餐时的视觉氛围。

图 5-10　就餐与客厅区　　图 5-11　餐厅对面

图 5-12、图 5-13 所示为主卧室。主卧室除了一面简洁的整体衣柜和一张温馨的大床，不做其他花哨的装饰。

图 5-12　主卧室（一）

图 5-13　主卧室（二）

图 5-14 所示为女儿房，色彩缤纷，“史努比”和满房间的布娃娃营造了一个童话般的世界。

图 5-14　女儿房

第二节　办公空间设计与案例分析

办公空间是供机关、团体及企事业单位处理行政事务和从事业务活动的场所。办公空间所特有的功能性体现了每个时代具有的创造性的设计理念。所有办公空间都与商业的策划形成一致，伴随着使用者的进一步发展为目的；办公空间的设计，首先要对室内长时间工作的人们的日常行为方式、习惯，通过空间设计来达到最大限度地提高工作效率的目的。

全球经济一体化的发展和信息、技术革命，催生出新的办公管理模式和工作方式；从另一个层面看，由于办公空间特有的功能性，决定一个理想的办公空间设计，除了具有美学意义上和空间功能布局上的要求以及其相关的物质技术手段的运用外，装饰材料和设施设备也应当适应办公所需要的各项技术指标。

因此，传统的办公模式已不能再适应多元格局的现代办公方式的需求，现代建筑设计、技术、经济赋予了办公空间新的格局，使得办公空间的设计反映出社会物质层面的要求，它是社会进步和文化现象的缩影。

一、办公空间的组成及设计要点

不同的单位，机构、编制和运转模式不同，办公楼的组成自然也不同。就一般公司而言，其主要组成部分应该包括门厅、接待台、保卫室、各类办公室、大小会议室、档案室、资料室、职工餐厅及职工活动室等。

（一）门厅设计

门厅与楼梯、电梯相连，是接纳和疏导人流的地方。门厅显眼处应有服务台（或称接待台），设值班人员接待来访宾客。图 5-15 是两个门厅的平面图，由图可知，它们形状不同，特征显著，并且都有完善的设施。服务台后常设形象墙，上有公司名称和标识。服务台和形象墙应简洁、明快，以良好的形象、材质、色彩和灯光给人留下深刻的印象。图 5-16 是华纳台湾分公司入口处的接待台及其后的标识，图 5-17 是另一公司的接待台及其后的形象墙。

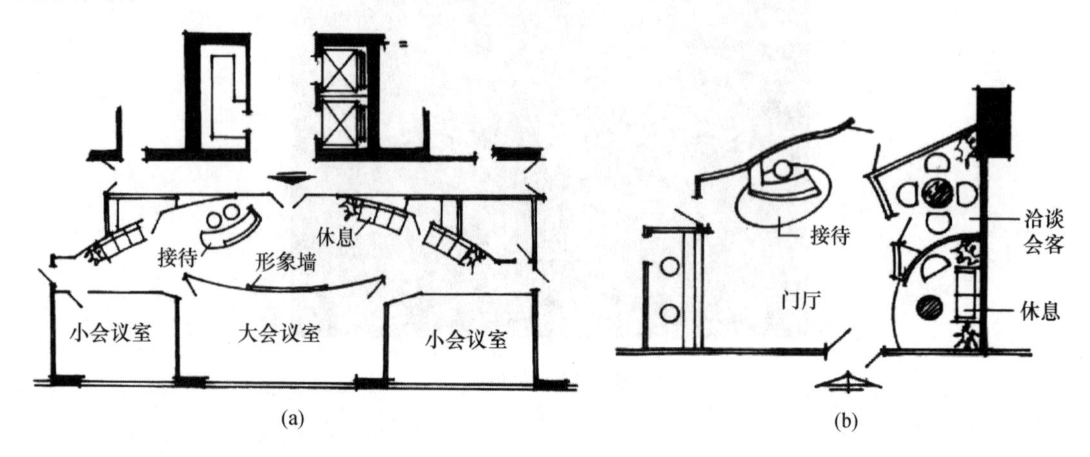

图 5-15　两个门厅平面图

图 5-16　门厅接待台（一）　　图 5-17　门厅接待台（二）

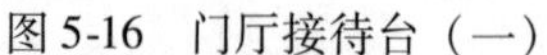

服务台附近应有休息处，设三至五个座位，供来访客人临时休息，或供公司人员临时接待来访者。

门厅的墙面上，也可视情况设一些宣传品，包括公司简介、产品图录等，要简洁、大方，切忌烦琐。必要时还可设一些内涵丰富的装饰小品和绿化，用以美化门厅的环境。

有些公司可能在门厅附近设值班室、保安部或产品展示部。展示部的大小和展示方式视公司大小和展品多少而定，可以占一个角落，也可以成为专门的展示厅。

（二）接待室设计

接待室应靠近楼电梯，是公司用来接待客户、参观者、检查者或新闻记者的场所。可以采用会议桌椅，设计成小会议室的样子，也可以使用沙发组，沿周边布置。接待室应设茶具柜或饮水机，还要有小银幕、投影机、电视机等音像设备。

（三）会议室设计

小会议室常常是领导开会的场所，在设计公司里，也可能是少数人研究图样、审查方案的地方。小型会议室可用小型会议桌椅或沙发组，常有10个左右的席位（图5-18）。

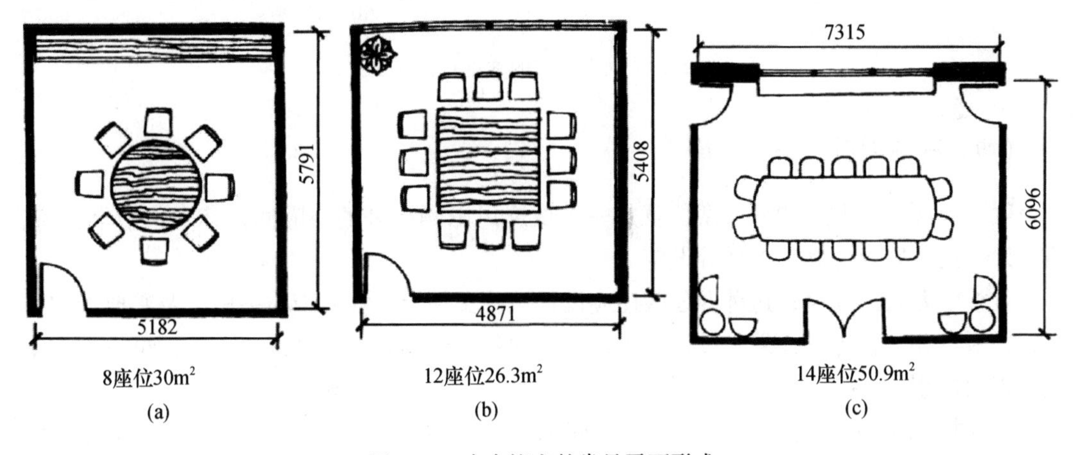

图5-18　小会议室的常见平面形式

大会议室是召开大会或进行学术交流的地方，坐席数较多，可达几十个或上百个。大会议室的桌椅有不同形式和不同的布置方式。常用桌椅和布置方式有：一是中间使用椭圆形或长方形会议桌，配套使用木质或皮质会议椅，如增加坐席，再在靠墙处增设椅子或沙发和茶几，这种布置方式适合召开研讨性的会议［图5-19（a）］。二是在会议室的一端或中间设置圆形会议桌，并配套使用会议椅，构成主要成员的坐席，在另一端或两端布置一些旁听或列席人员的坐席，这种布置方式适合召开多级别人员参加的会议［图5-19（b）］。三是所有人员一律面向讲台，此布置方式最适于听报告、进行学术交流和讲座。采用这种布置时，可以使用配套的联排桌椅，也可以使用带书写板的单个椅。桌椅可按直线排列，也可按弧线排列［图5-19（c）］。

大会议室应有一些挂画、壁画、浮雕等墙饰。会议室应有茶具柜或饮水机，还应有存放音像用品的杂物柜。规模较大的会议室，应在附近设计贵宾休息室和声光控制室。贵宾休息室主要供与会领导、讲演人会前会间休息，也可兼作接待室或小型会议室。

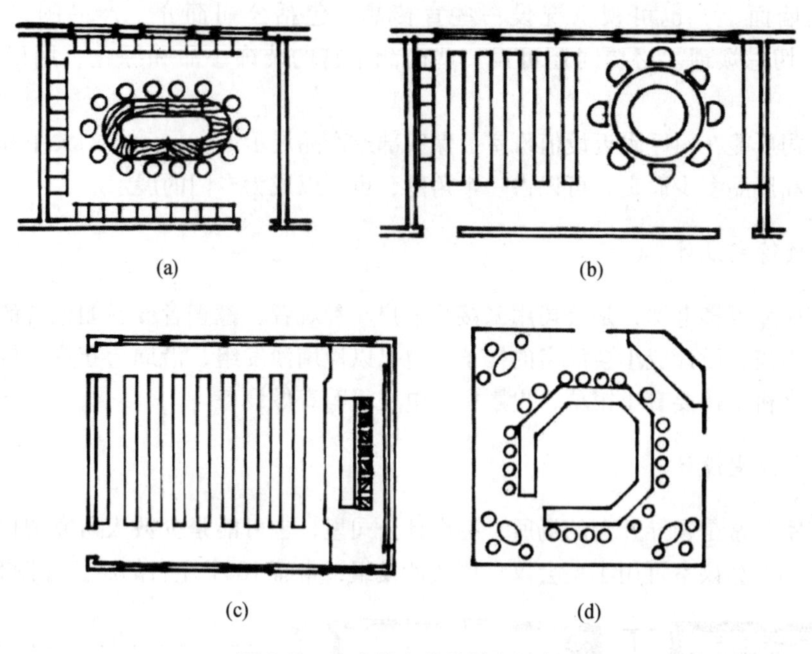

图 5-19　大会议室的常见布置方式

(四) 一般职员办公室设计

就个人而言，职员的办公席位就是一个由屏风围隔出来的小隔间，其中包括桌、椅、柜、架等设备以及电脑、电话等设施。

就整个办公区而言，这种办公区还应设置一些文件柜、资料柜、书柜以及必要的接待席、饮水机和盆花等。如果是设计公司，还应配备一些小型桌，供设计人员讨论设计方案或审查图样用。

不同机构的办公楼，组成情况是不同的，图 5-20 和图 5-21 为两个不同办公楼的平面图。由图可知，除大体相同的基本空间外，它们也各有许多特殊的空间。在更大的办公楼内，还可能有多种供全体职工使用的公共空间，如咖啡厅、快餐厅、文娱室和健身房等。

(五) 主要领导办公室设计

如厂长、经理及业务主管的办公室。这类办公室往往由三部分组成，一是由办公桌、办公椅、接待椅和文件柜组成的办公部分；二是由 3 至 5 个沙发组成的休息部分；三是一个具有 4 至 6 个座位的会议桌。休息部分要尽可能靠近入口，使来访客人或被召见人员能就近休息和等候。会议部分最好依靠一个角落，或靠近窗户，供主要领导召开临时性会议，或审查文件、图样。领导人的办公桌最好面对、斜对或侧对入口，而不要背对入口，以便使领导人能够及时地看清来访者，也表示对来访者应有的尊重。办公桌后的文件柜，既要具备陈列书籍、文件的实用价值，又要具有一定的装饰性。可以通过书法、绘画、雕刻等彰显公司的经营理念或领导者个人的志向与信念，也可以用其他装饰手段使之成为整个办公室中主要的观赏点。上述三个部分可以进行适当的虚划分，如采

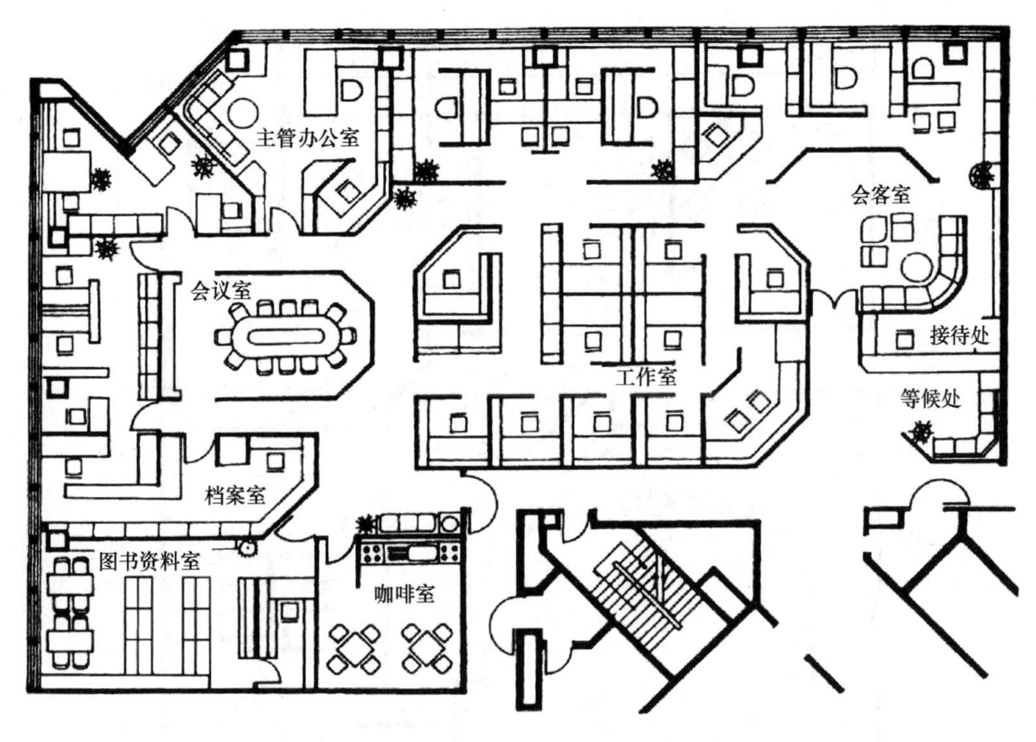

图 5-20　办公楼平面图（一）

用不同的标高或使用一些栏杆与屏风等，应该注意的是，不可因此而影响办公室的开阔性和整体感。

有些面积较大的领导人办公室，除有上述基本组成部分外，还可以附设一间休息室、洗手间和挂衣间。办公室内除必需的家具外，还应有衣架、茶具柜及盆花等。图 5-22 为主要领导人办公室的平面示意图。

二、办公空间设计案例分析

红牛公司新总部的设计肩负着品牌建设和地位建设的双重目标，鼓励员工积极提交建设方案。Jump Studios 是一间综合性的建筑设计工作室，计划以伦敦为基地，建筑面积约 1860m^2。通过精美的内部建筑给予员工和来访者鼓舞的力量，营造出互动的氛围，有利于红牛公司举办各种不同的活动。具体的操作是把两个分离的办公室合并到位于伦敦 Soho 区的中心总部。新办公室占用现存的 19 世纪建筑物最顶部的三个楼层，包括将顶层的外部阳台扩建成一间玻璃“箱”，为伦敦西区提供一个引人注目的新视野。Simon Jordan 作为 Jump Studios 工作室的董事长，为员工和客户带来了共同理想，让他们亲身去感受建筑的力量。他们搭乘电梯来到顶层的接待处和公共空间，在电梯降落之前，这种降落的感觉因建筑的空旷而加剧，提供丰富的视野效果。三层高的影像墙占用了一个空间，而另一个充满戏剧性的循环系统由移动的滑梯组成，充分地展现了空间的自由度。设计团队成功地开创了一个开放、高效、动态和互相连接的工作空间。顶层是一个公共中心，包括接待处、酒吧、咖啡室、正式和非正式的会议区，还有一个主要的会议室。每逢公司组织活动或鼓励员工交流互动时都会被频繁地使用。顶层地板的特点是机翼般的篷，从而形成主会议室

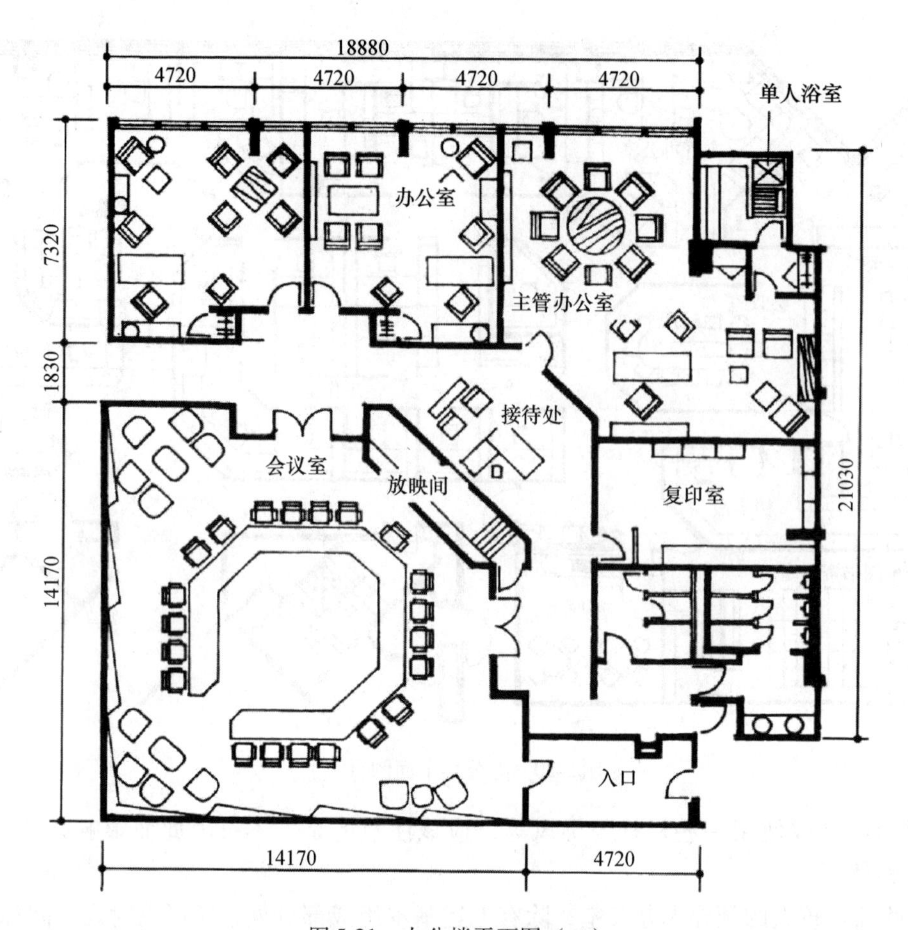

图 5-21　办公楼平面图（二）

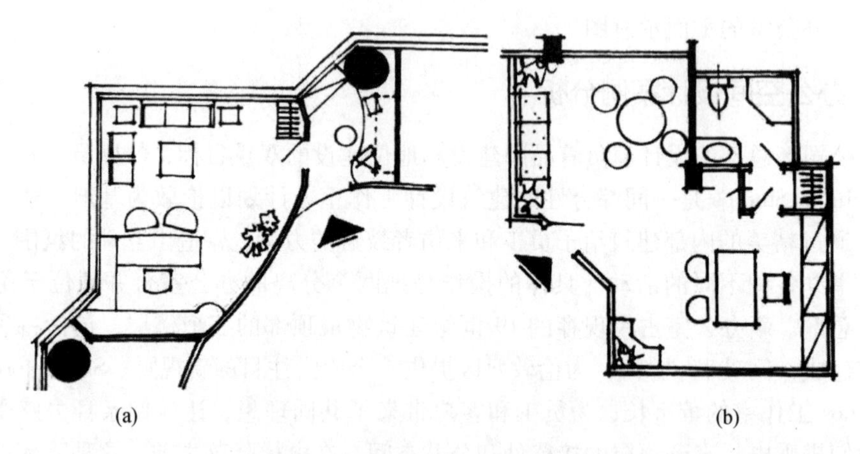

图 5-22　领导办公室平面示意图

与接待处（图 5-23 ~ 图 5-29）。

此外，地板亦延展成一处平滑的倾斜附件，支撑着楼顶的压力。在较低的平台里，划分出一个非正式的会议区。左边印有溜冰人物、雪板、赛车和自行车图案，象征红牛是专营运动饮品的商业中心（图 5-30 ~ 图 5-32）。

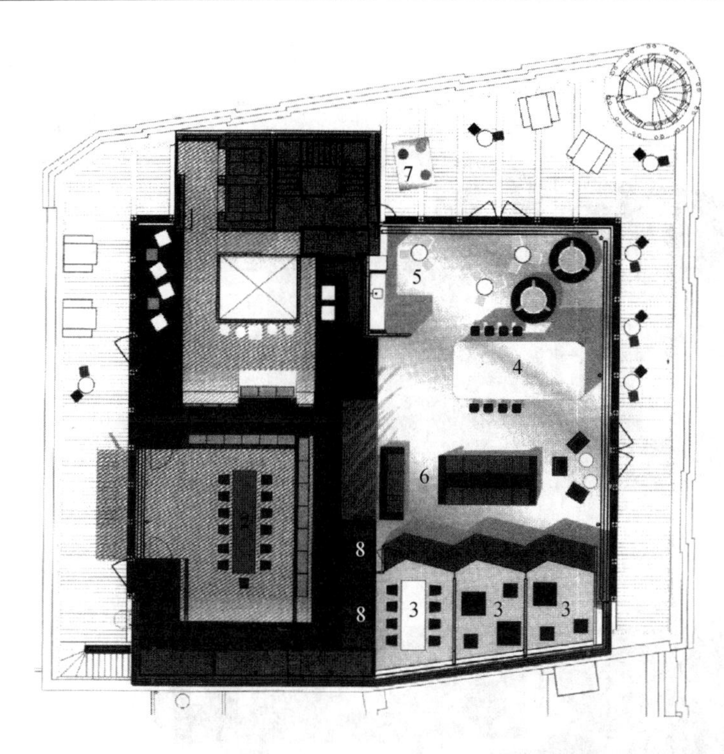

1—接待处；
2—董事长会议室；
3—会议室
4—酒吧；
5—厨房；
6—休息室；
7—吸烟区；
8—更衣室

图 5-23　一层平面图

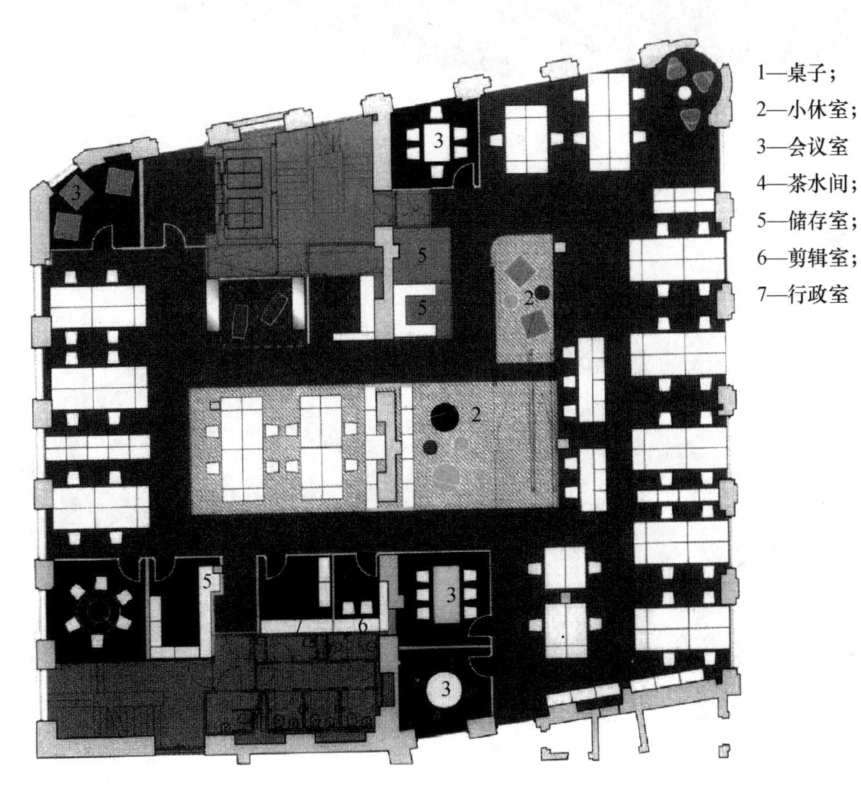

1—桌子；
2—小休室；
3—会议室
4—茶水间；
5—储存室；
6—剪辑室；
7—行政室

图 5-24　二层平面图

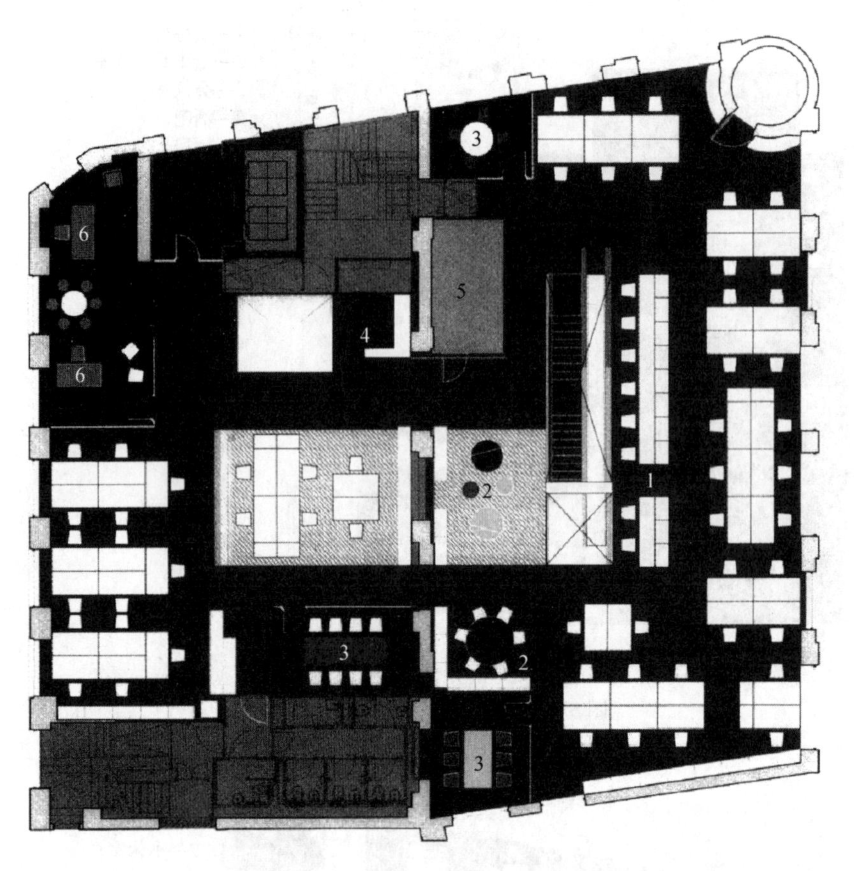

1—桌子；
2—小休室；
3—会议室
4—茶水间；
5—会议室；
6—办公室

图 5-25　三层平面图

图 5-26　logo 展示与休息区

图 5-27　酒吧区

图 5-28　顶部装饰与共享空间

图 5-29　中庭设计

图 5-30　小办公室

图 5-31　会议室

图 5-32　展示区

第三节　商业展示空间设计与案例分析

商业展示空间是指具有陈列功能的，并通过一定的设计手法，有目的、有计划地将陈列的内容展现给受众的空间。商业展示空间主要的类型有博物馆陈列空间、展览会空间、博览会空间、商品陈列空间、橱窗陈列空间、礼仪性空间和景点观光导向系统。其中，博物馆、商品陈列和景点观光导向属于长期性展示空间，展览会、博览会、橱窗和节庆礼仪环境属于短期性展示空间。

一、商业展示空间设计的原则

（一）展示空间设计的形的设计

形有形式、样式和形状之分。形式和样式可以理解为概念的范畴，而形状是具体的视觉领域的二次元和三次元。

1. 形的象征

形的基本表现元素是线，因此形具有线的所有特征。直线给人的感觉是明快、刚直、坚硬，具有速度感、力量感和紧张感；而曲线给人的感觉是柔软、舒缓，极具动感和美感。水平线比较安稳，垂直线比较锐利，斜线则尖锐有方向性。

2. 可视形

可视形即可看、可眺望的形体。展示空间设计首先要考虑的是整体造型的可视性，以及重点部位的看点，同时还要考虑参观的人群从哪个角度观察的形最完美。人的有效视域一般为左右各 100°，视平线上方 60°、下方 70°，当视线集中时，视点的锥角在 28°左右，凝视时是 2°～3°左右。因此视点的聚焦方式和位置会直接影响注视面的范围，一般从视点到观察对象的垂直视域（陈列面高度）大约是视点到观察对象距离的 1/2，也常常称作陈列的黄金区域。另外，提高可视性还可以利用曲面形、连续的凹凸面形等容易引起视觉注意的造型样式，提高形体的瞩目性。

（二）展示空间设计的形式美法则

展示空间设计的形式美法则是指构成展示空间的物质材料的自然属性（如造型、色彩、线条、声音等）以及组合规律（如节奏与韵律、多元变化与统一等）所呈现出来的审美特性。展示空间设计的形式美法则主要有比例与尺度（黄金分割）、对称与平衡、重复与渐变、节奏与韵律、主从与过渡、质感与肌理、多样与统一等。这些规律是人类在创造美的活动中不断地熟悉和掌握各种感性质料因素的特性，并对形式因素之间的联系进行抽象、概括总结出来的。形式美法则具有独立的审美价值，是富于表现性、装饰性、抽象性、单纯性和象征性的"有趣味的形式"。

二、展示空间设计的形、色和光设计

在以视觉传达为诉求的展示空间环境中，光环境的把握、光亮度、光和影、光色直接影响到展示的色彩、造型及其氛围效果。光直接支配人类的感情和行动，光是能引起视觉识别的电磁波，它沿直线传送，因而叫光线。光源分为自然光和人工光，展示空间设计中使用的光通常是指人工照明的光源。

（一）光影和形

物体由于受光的照射而产生阴影，阴影使物体具有立体感。立体感的强弱又取决于光的直接和间接的照度、角度和距离。就像南北极附近的国家，由于照度弱、角度大、光照时间短，因此物体的阴影较长；反之，赤道边的国家，光照强、照度高、角度小、光照时间长，因此物体的阴影较短。这就是光、影和形的关系，光源数和色光的变化会使物体的"可见形"发生变化而丰富多彩。利用光的特性，巧妙地处理阴影是照明艺术中的一个技巧。试将灯光从一个物体的各个角度去照射，该物体出现的不同受光面及投影会传达不同的感觉，左、右上角45°的照射由于违反常规的视觉习惯会产生怪诞甚至恐怖的效果，如适当增补侧面光，则可以减弱或消除不必要的阴影。在展厅和橱窗等环境中用加滤色片的灯具，能制造出各种色彩的光源，形成戏剧性效果。照明手法的运用也有一定的流行性，现在比较常见的是利用柔和的底透光、背透光效果来造型，以突出展品甚至整个展台的效果。道具虚无化的处理也是巧妙地运用了光的效果，突出展品而适当地忽略道具。展示照明光源的选择是以取得最佳展示效果，突出展品的形体，还原展品的真实色彩，保护展品为基本原则的。

（二）光色氛围设计

光色氛围的形成通常是采用特定的色彩设计与照明形式结合的方式来达到的，是用照明的手法渲染环境气氛，创造特定的情调，与展品的照明形成有机的统一和对比。在展示空间内，根据不同的创意，可以运用泛光灯、激光发射器和霓虹灯等设施通过精心的设计，营造出幻彩缤纷的艺术气氛。如将灯光色彩进行处理，以制造戏剧性的气氛；利用色彩的联想，用暖色调的光源制造出炎热的阳光效果或火光，用五彩的灯光创造扑朔迷离的幻想效果等。在做灯光色彩处理时，必须充分考虑到有色灯光对展品或商品固有色的影响，尽量不使用与展品或商品色彩呈对比的色光，以避免造成展品色彩的失真。

室外展示环境的气氛渲染可采用泛光灯具照射建筑物的手法，也可以用串灯勾画出建筑物或展架的轮廓，还可以装置霓虹灯，在喷泉中用彩色灯照明，甚至可以用探照灯或激光照射天空中浮游展示物等方法来渲染热烈气氛。现代展示空间设计中经常将照明的控制与电脑技术结合起来，根据不同的展示要求，达到光线渐亮、渐暗、跳跃的效果，产生交叠流动、瞬间变幻、华丽璀璨的照明效果。

三、展示空间设计版式处理

展板是传达图文信息的主要工具。其表现内容通常有企业或品牌的介绍和操作流程说明，形式包括文字、图片、模型和实物等。展板内容有以文字为主、图片为主和实物为主三种主要表达形式。

（一）图版面积、数量

照片或插图面积大小，对版面的形式有决定性的影响，面积越大视觉冲击力越强。从大到小的观看次序是人们自然的视觉习惯，所以在展示版面中，多以大小差别示意主次关系。图片多，版面气氛易活跃，但数量过多则给人以散乱或拥挤的感觉。

（二）图版形式

（1）方版。即展示宣传照片放在版面的四方形框子里，四周留出四边形的版式，是常规版面的基本形式，具有安定、平稳之感。

（2）曲线版。即以曲线形为展示版面的版式，具有很强的动感，并有活泼、浪漫的感觉。

（3）满版。即照片布满版面不留边框的版式，又称为“出血版式”，是一种较为舒展的版面形式。

（4）去背版。即剪去照片中主体形象的背景。经过处理的形象，其外轮廓呈自由形状，具有清晰分明的视觉形态，版面效果明快。

展示空间设计版式处理如图 5-33 ~ 图 5-35 所示。

图 5-33　展示空间设计的版式处理（一）

图 5-34　展示空间设计的版式处理（二）

四、商业展示空间设计案例分析

图 5-35　展示空间设计的版式处理（三）

这座新建的博物馆坐落在德国巴伐利亚州的政府区，在对它进行建筑设计和室内设计的时候，建筑设计师们和创作馆内所陈列艺术品的艺术家们就进行了许多交流和合作，从而才能够建成一座纯艺术的殿堂。这座与众不同的建筑外观设计中，设计师们力求突出建筑本身作为艺术品的陈列场所这一特点，并且使建筑本身很好地融入到所在的绿色公园中。

博物馆的展览区域沿用了大部分博物馆建筑的经典风格，内部设计中使用了简洁的设计，依靠简单的外形和恰到好处的灯光作为背景衬托着馆内所陈列的展品。所以，灯光方案在设计中占据着很重要的位置。在艺术家的参与下，设计师们设计出了一套专门的灯光方案，使馆内每一件展品都可以被专门的灯光照射到。为了最完美地表现出不同材料的艺术品（钢铁、石膏、稀土、青铜器等）的艺术特点，必须配备不同的灯光方案，同时这种灯光方案还要考虑到日光照射的因素。有了对环境充分的考虑和对工作区域内光线照射情况的不断分析，从而最终确定了每件艺术品旁边墙面所需窗户的尺寸和位置。此外，为了在博物馆的内部实现一种纯艺术的安静氛围，设计师们“收藏”起所有的技术产品，同时放弃暖气和空调设备的使用。从而最终设计出一个纯粹的艺术欣赏和体验的空间（图 5-36 ~ 图 5-42）。

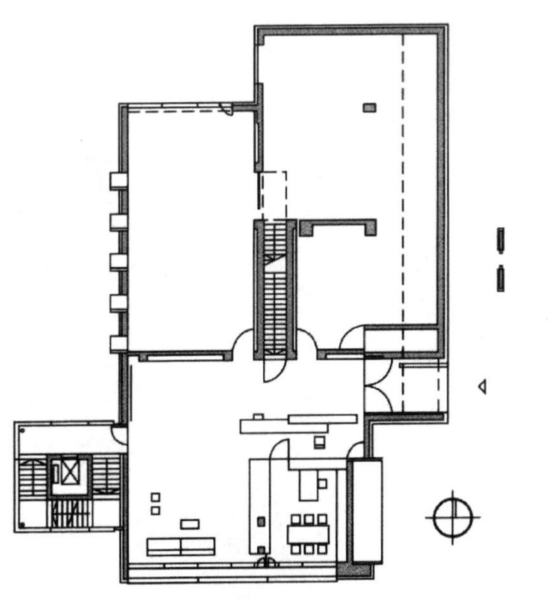
图 5-36　博物馆平面图（一）

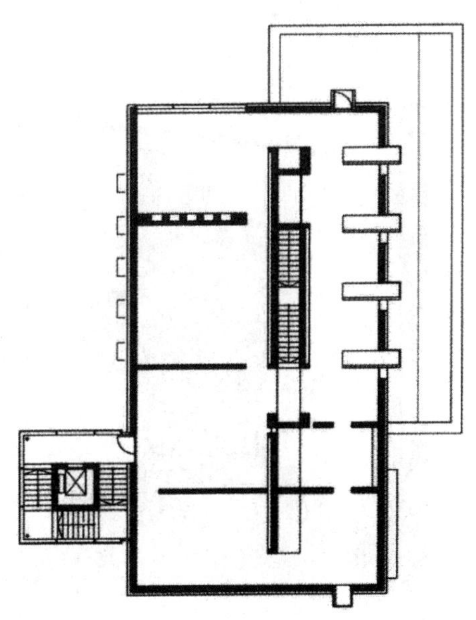
图 5-37　博物馆平面图（二）

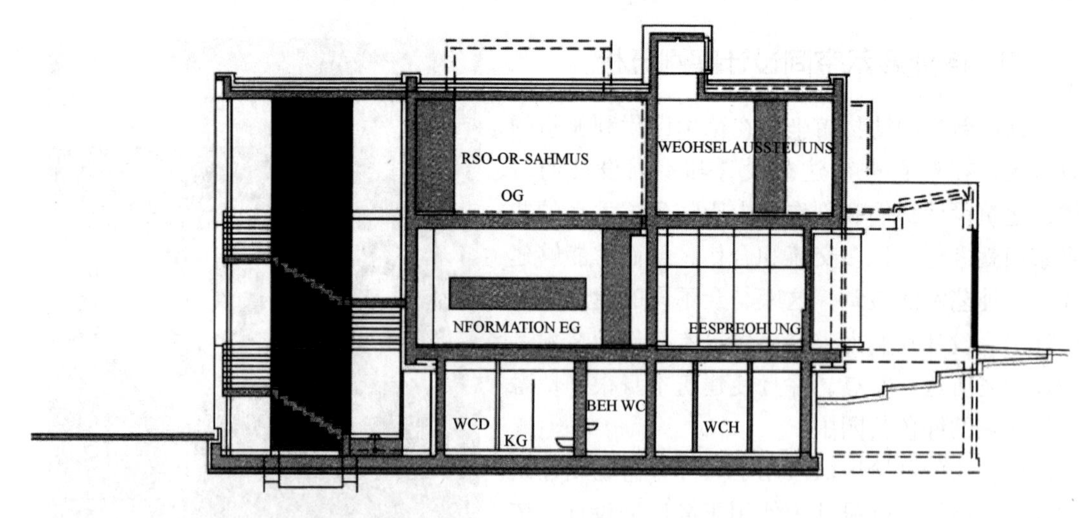

图 5-38　博物馆剖立面

图 5-39　展示区（一）

图 5-40　展示区（二）

图 5-41　博物馆一角

图 5-42　楼梯间

设计师对楼梯处的处理体现了设计中“少即是多”的设计内涵，省略了多余的造型和材质，通体采用现代感极强的白色和玻璃材质，并巧妙利用自然采光，形成空间感很强且极具向心力的空间，突出了本博物馆的纯粹和艺术。

第四节　餐饮空间设计与案例分析

民以食为天，餐饮空间是人们日常生活使用频率较高的消费场所。随着社会经济水平和生活水平的不断提高，消费观念的转变，人们社交聚会活动日益增多，餐饮空间成为人们的主要社交场所。

人们对餐饮环境的要求已不仅是物质层面上的，餐饮空间的室内设计已不再是满足功能上的简单要求，而应该营造欢乐、祥和的氛围和突出温馨、浪漫的情调，并赋予其文化内涵的延伸。

一、餐饮空间的基本特征

人们到餐厅就餐已成为一种生活的享受，消费者走进餐厅不仅享受可口美味和优质服务，而且也是一个对环境\情调等精神需求的满足过程。餐厅给予食客的不仅是美食，还有美景。餐饮空间的设计主要体现两个基本特征：

（1）消费群体的定位。设计者要深入分析消费群体的特征，针对其收入水平、职业属性、年龄层次和消费意识因素设定消费对象，进而根据其生活形态的特征，来设计其所需求的空间环境。

（2）餐饮空间特色的营造。当前餐饮市场的竞争已上升至在特色与文化上的竞争，其特色往往在食物以外。设计者可能围绕某一人们喜爱或欣赏的文化主题进行设计，全力烘托该主题的特定氛围和情调，充分展示所设计餐饮场景的特色。

二、不同类型餐饮空间的特点

餐饮空间的类型一般由功能属性进行区分，主要有快餐店、自助式餐厅、中餐厅、西餐厅、主题性餐厅等。

（一）快餐店的特点

快餐店的室内设计在功能上要最有效地利用空间，风格上应以明快为主。快餐店的用餐者不会停留太久，更不会对周围景致用心观看或细细品味。设计者可以通过单纯的色彩对比、几何形体的空间塑造和丰富整体环境层次等手段，取得

快餐环境所应有的效果。

（二）自助式餐厅的特点

自助餐是由宾客自行挑选、拿取或自烹自食的一种就餐形式。餐台旁需留有足够流动选择空间，让人有迂回走动的余地，避免客人排队取食。就餐的桌椅不可安排得太密，以便于客人取用食物时走动。尽可能地提供摆放多种菜品的同时，

也要营造主题氛围，使环境、服务、餐具、灯光、摆设菜品等每一个细节都应与主题相匹配。

（三）中餐厅的特点

中餐厅以经营中国民族饮食风味的菜肴为主。其餐厅空间设计经常采用中式的设计元素来贯穿室内空间的界面，使空间呈现出古典幽雅、含蓄委婉的意韵。中餐厅设计空间布局庄重，富于气势，具有独特的设计风格与韵味。中餐厅设有长廊通道，敞开式的散席空间、包间、备餐厅、厨房、收银台等。

（四）西餐厅的特点

西餐泛指按西方国家的饮食习惯烹制出的菜肴，西餐厅的设计通常借鉴西方传统模式，配以钢琴、烛台、漂亮的桌布、豪华的餐具等，呈现出安静、舒适、优雅、宁静的气氛。其厨房的布局须按操作程序设计，西餐的烹饪使用半成品较多，所以面积较中餐厅厨房的面积略小些，一般占营业场所面积的 1/10 左右。

（五）休闲饮品店

休闲饮品店主要经营各种饮料，在城市中为人们提供一个可以休闲交友的去处。在西方这是一种以休闲、舒适、情趣、品味为主题的餐饮模式，其空间设计较为灵活。

三、餐饮空间设计的要点

餐饮空间的设计要从总体空间布局、空间动态流线分析、整体文化表达、材料选择、色彩处理、灯光照明、家具选用等方面着手，以创造一个有特色的就餐环境。

餐饮空间的设计需要根据不同空间功能与特点来进行，并根据总体构思的需要进行设计，由于构思和创意不同，上述空间的设计要素也不尽相同，所以设计时要根据具体情况来灵活处理，方能创造出良好而独特的空间氛围。

（一）餐饮空间的总体布局

无论餐饮空间的规模、档次如何，均由几个子空间组合而成，常规餐饮空间按照使用功能可分为主体就餐空间、单体就餐空间、卫生间、厨房工作间等。要处理好餐饮空间中的面积分配，所以合理、有效、安全地划分和组织空间，就成为室内设计中的重要内容。

（二）餐饮空间的动态流线分析

餐饮空间设计要满足接待顾客和方便顾客就餐的基本要求，表达餐饮空间的审美品位与艺术价值。

首先面积决定了餐厅内部的设计，经济、合理、有效地利用空间是设计时需要把握的手段。秩序是餐厅平面设计中的一个重要因素。平面过于复杂则空间会显得松散，设计时要用适度的规律把握好秩序，才能取得整体而又灵活的平面效果。餐桌、餐椅的布置需要满足客人活动空间的舒适性和伸展性，要考虑各种通道空间尺寸的便利性和安全性以及送餐流程的便捷合理。好的设计会将服务通道与客人通道分开，客、服通道过的交叉会降低服务的品质。

（三）餐饮空间的整体文化表达

作为餐饮空间场所，让人在就餐的同时又得到文化艺术的美感享受，无形中会提升餐饮空间附加值的作用。餐饮空间设计可利用各种各样的历史文化、民族乡土文化等元素来营造文化氛围，多角度、多视点地来挖掘不同文化风格的内涵，寻找设计突破点。一个具有良好文化品位的就餐环境在很大的程度上会感染顾客的即兴消费，独特的空间往往会吸引顾客进店消费。

（四）空间材料的选择与色彩处理

对餐饮空间氛围的营造离不开材料这一载体，天然的材质给人以亲切的感受，具有朴实无华的自然情调，能创造出宜人与温馨的就餐环境。平整光滑的大理石、金属的镜面材料、纹理清晰的装饰面材，会让人产生一种隆重、高贵的联想与感受。材料的选择不在于昂贵，而在于精心的构思和合理的选用、组织，使之相互匹配。昂贵材料能显示富丽豪华，平实的装饰材料同样能创造出优雅的审美意境。

餐饮空间材料的选择要符合功能的需要，地面材料应坚实与耐久，并且易清洗。立面墙体或隔断反映设计水准和设计特色，具有虚实变化和审美比例尺度等技术要求。根据功能的需要，有些材料要选择具有吸声的材料，以降低餐厅的噪声，给人的交流提高音质，改善用餐的声境。

环境色彩会直接影响就餐者的心理和情绪，食物的色彩会影响就餐者的食欲。色彩是具有感情和象征性的，如黄色显示高贵与权力、蓝色感觉深邃、红色象征热烈、白色表现纯洁与洁净、绿色代表生命与青春。不同的人对不同色彩的反应也不一样，儿童对纯色的红、橘黄、蓝绿反应强烈，年轻女性对流行色彩比较敏感。设计中要考虑顾客的人群、年龄、爱好，以吸引顾客群体的兴趣，用色彩创造不同餐饮空间的情调与氛围。

（五）餐饮空间的灯光照明布置

灯光在餐饮空间中对食客的视觉、味觉、心理均有重要的影响，可以采用灯光的明与暗、光与影、虚与实创造奇妙的光感效应。

灯光设计依据不同的餐饮企业的经营定位，具有不同的灯饰系统。西餐厅注重优雅，讲究情调，灯饰系统以沉着柔和为美；中餐厅以浓度色调装饰界面空间，配以暖色的灯光，显得灯火辉煌、场面热烈。

餐厅的空间照明要有光线的强弱变化的层次感，桌面的重点照明有助于增进食欲，有艺术品的墙面可用局部照明的灯光，烘托艺术氛围又形成明暗的对比，丰富了空间层次。灯具作为重要的装饰要素，它的外观对表现空间风格和美感，体现餐厅的格调，具有明显独特的优势和魅力。

四、餐饮空间设计案例分析

本设计案例为“尚泉茶韵”茶楼设计，位于济南市大明湖畔，是一个集销售展示茶品、餐饮、品鉴活动于一体的商业性餐饮休闲空间，设计实际面积为360m^2。一层主要功能区域包括前台服务区、茶堂、散座、卡座区、包间、操作间、卫生间等（图5-43），二层则以包间为主（图5-44）。

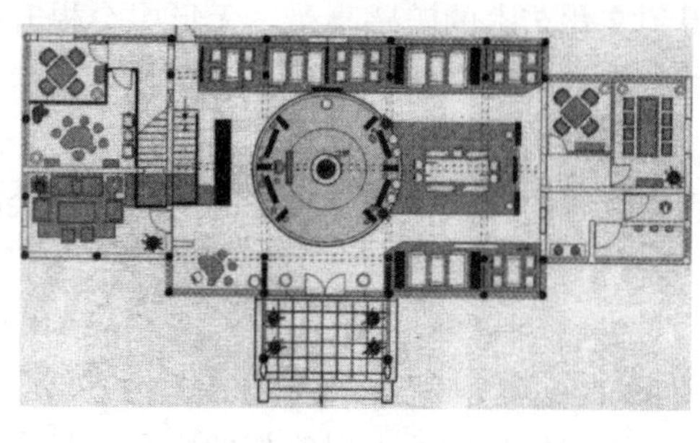

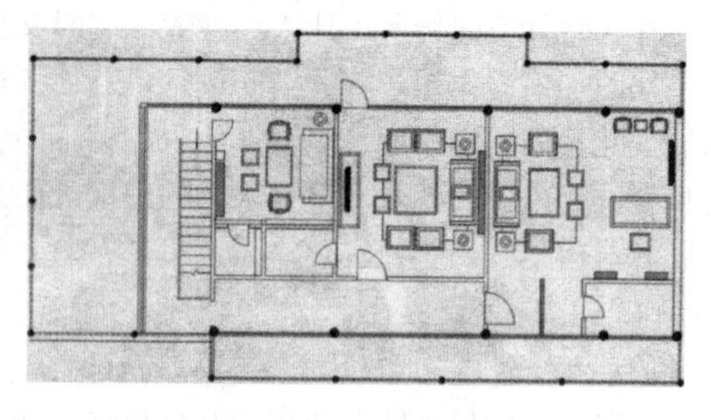

图5-43　一层平面图

图5-44　二层平面图

对于饮茶空间的设计，除了要满足必要的商业需求之外，茶文化也应是表现的重点。饮茶的乐趣，在于“品”，在“尚泉茶韵”，设计师通对各功能分区的合理掌控，凭借对空间光影、肌理等元素的多维设计手法，营造出一种“静里乾坤”的空间韵味。

茶楼的店面与招牌（图5-45）散发着浓郁的传统气息，整体的风格气氛与相毗邻的大明湖景区内主要建筑风格融为一体。茶楼内部，源于中国传统文化的“天圆坤方”是其主要空间设计理念。玄关（图5-46）的设计采用对称式设计手法，将木格栅与弧形瓦片相结合，通过虚、实、整、散的对比而体现出空间的古朴与雅致。不论是方形石柱上端坐的吉祥石兽，还是地面上的中国印图案组合（图5-47），都体现出茶楼对于材质与文化的考究要求。茶堂（图5-48）是“天圆地方”设计理念体现颇为明显的区域，卡座区前面的木隔断体现了中式传统礼仪中“藏”的精神。对于光的运用与塑造也是这一区域的一大特点，顶部的圆形光环形成的光束，洒在木隔断的雕刻图案上（图5-49），使空间端庄安详，透露出些许禅意。

图5-45　茶楼的店面与招牌

图5-46　玄关设计

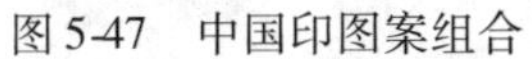

图 5-47　中国印图案组合

图 5-48　茶堂设计

服务区的柜台造型古朴纯真（图 5-50），条形组合的藤编灯饰在满足必要的环境照明的同时也提升了空间的艺术氛围，并且因其温暖的光线也在此构成了一个相对的视觉中心，对顾客起到一定的导视作用。

图 5-49　木隔断的雕刻图案

图 5-50　服务区的柜台

四周的散座品茶区（图 5-51）有机地围绕于圆形茶堂周围，老榆木茶台以“不修边幅”的质朴与肌理形成一种天然的韵致。天棚炭化木条做成的长方体装置有效地调节了灯光的效果（图 5-52），营造出斑驳且具有线条的光影效果。

图 5-51　散座品茶区

图 5-52　炭化木条制成的长方体装置

细节设计体现出设计师的素质，在本案例中，设计师恰到好处的空间精细化设计处理显示了其良好的设计修养。无论是路过茶堂（图5-53）还是经过楼梯（图5-54），都会感受到云纹图案的吉祥祝福。云纹传递着天地自然、人本内在、宽容豁达的东方精神的吉庆祥和的美好祝愿，这些正是东方文化所独有的设计语言，是“面”和“线”的飘逸洒脱和内在人文精神的体现，烘托出了尚泉茶韵吉祥如意、祥云福瑞的空间环境气氛。

图5-53　茶堂栏杆细节设计

图5-54　楼梯扶手

在本案例中，设计师对于光影运用与塑造的技巧娴熟，丰富的光影将原本传统、静止的空间变得更为时尚和灵动，充分体现了空间人性化设计的原则。

在卡座品茶区，隔间中的茶桌以中式木窗格与玻璃形成主要的界面，辅以明亮的灯光，木窗格清晰规律地向下投射到木地板上，明暗交错的光影形成别具风韵的空间氛围（图5-55、图5-56）。另外，不论是白色的海基布饰面隔断、精工细致的竹帘，还是质朴的木隔断，以及简洁时尚的白色茶品格架，都因为设计师对光影的有效利用而显露出它们原本的质地与品格，并呈现出一种井然有序的姿态，创造了空间视觉的多样性。

图5-55　卡座品茶区（一）

图5-56　卡座品茶区（二）

二层走廊墙面上的白色海基布墙面在灯光的衬托下与走廊的其他界面形成鲜明的对比（图5-57），对包间入口起到一定的强调作用。包间（图5-58）的设计装饰在风格上与其他区域一脉相承，只是更为典雅、清幽。包间内方圆有度，内部尺度较其他区域更为宽松，高大郁葱的绿色植物增加了包间的生气，木制的天花装置格外具有质感，白色光线的艺术吊灯提供了恰到好处的环境照明，宽阔的玻璃落地窗，视线开阔，可将室外之景纳入室内之境。

图 5-57　墙面与走廊的对比

图 5-58　包间

第六章　景观空间设计与布置

第一节　景观空间与景观空间设计

一、景观空间的概念

景观空间是将场地按设计目的进行划分、组合的结果和景观设计的媒介，是指为了达到某种目的而围合或界定的某个区域、活动场所、院落等。景观空间可分为自然空间和人为空间。自然空间是自然界各要素天然围合的空间；人为空间则与人们的意图相关，通过人的行为把各种使用空间进行界定。

景观设计的本质是组织和划分土地的使用功能，在空间区域范围内把植物、地形、建筑、山石、水体、小品和道路铺装等景观构成要素进行组合。

景观空间的形式与其结构、界面有着不可分割的联系，景观空间的形状、尺度、比例及艺术效果，很大程度上取决于景观空间结构组织形式及所使用的界面质感。

二、景观空间的意义

（一）景观空间的功能意义与美学意义

景观美学是环境美学的重要内容之一，它包括研究探讨自然美的成因、特征、种类以及开发、利用和装饰自然美的方法、途径等。景观空间的美学特征、审美价值、构造规律等，都是景观美学所研究的对象。景观空间各要素之间是相对独立的，并在不同程度上影响着景观的美学质量，同时，它们之间也是相互影响、相互作用的，它们共同作用于景观的美学质量。景观空间的美学意义主要包括绿色原则、健康原则，体现在景观的独特性、清洁性、愉悦性和可观赏性方面。

（二）景观空间的形态意义与生态学意义

景观空间的生态设计具有多学科综合性的特征，即没有一门学科能单独处理人—社会—环境的复杂关系。景观空间的形态意义和生态学意义在于更合理地利用土地，使自然资源得到有效使用；维护和恢复河道和海岸的自然形态，保护生态与物种多样化；全面考虑设计区域内部与其外部的各种关系，强调人类活动与地域环境的不可分割性。

三、景观空间设计的主要类型

（一）城市公共景观空间设计

城市公共景观空间一般是指城市范围内市民可自由参与活动的公共性空间环境场所，由一系列实体景观元素构成，体现为不同空间形态和景观风格的城市广场、城市公园、城市街道和城市自然景观等的有机组合和系统网络化。

城市公共景观空间的价值是不可忽视的，我们对一个城市风貌的印象大多数来源于城市的开放空间。城市公共空间不仅是城市形象的展示，也给城市居民提供了娱乐休闲的空间，同时还是城市政治、文化、教育、交通等多种职能的载体，兼有提高城市防灾能力的功能。

在工业化之前，人们为了追求欣赏、娱乐而进行景观造园活动，如国内外的各种“园囿”，产生了国内外的园林学、造园学等。工业化带来的环境污染，与工业化相随的城市化带来的城市拥挤、聚居环境质量恶化，强化了公共景观空间设计的活动，从一定程度上改变了景观设计的主题，即由娱乐欣赏转变为追求更好的生活环境。由此开始形成现代意义上的城市公共景观设计，即为解决土地综合体的复杂问题，解决土地、人类、城市和土地上的一切生命的安全与健康以及可持续发展的问题而进行的设计活动。如刘易斯·福芒德（Lewis Mumford，1895—1990 年）在其《城市发展史——起源、演变和前景》（The City in History）中，描述 19 世纪欧洲的城市面貌及城市中的问题：“一个街区挨着一个街区，排列得一模一样，单调而沉闷；胡同里阴沉沉的，到处是垃圾；到处没有供孩子游戏的场地和公园；当地的居住区也没有各自的特色和内聚力。窗户通常是很窄的，光照明显不足……比这更为严重的是城市的卫生状况极为糟糕，缺乏阳光，缺乏清洁的水，缺乏没有污染的空气，缺乏多样的食物。”埃比尼泽·霍华德（Ebenezer Howard，1850—1928 年）的《明日的花园城市》（Garden Cities of Tomorrow）认为：城市的生长应该是有机的，一开始就应对人口、居住密度、城市面积等加以限制，配置足够的公园和私人园地，城市周围有一圈永久的农田绿地，形成城市和郊区的永久结合，使城市如同一个有机体一样，能够协调、平衡、独立自主地发展。

有了以上城市规划先驱对城市公共环境的共同关注，现代城市公共景观空间的设计拉开了序幕，如英国改善工人居住环境的运动、美国的城市美化运动，以及当前中国的城市美化运动。

当今中国的城市依然夹杂着人们错综复杂的矛盾情感，急速膨胀的城市更多伴随的是迷失的焦虑。而随着信息社会的到来和当今我国城市化进程的快速推进，人们对艺术化、人性化、信息化、生态化的城市环境的渴求与依赖程度将进一步增强。在此背景下，重新审视我们当今生活的城市，并通过创造性的设计活动推动城市公共环境质量的提高和挖掘城市的可读性与可识别性，从“城市公共景观空间”这一对象层面切入，在景观空间设计领域展开探讨并加以实践，对于建构富有特点、易于识别的城市公共空间，具有重要的现实意义。

（二）风景旅游区景观空间设计

从字面上就可看出，旅游区景观空间设计即对旅游地景观系统的设计，指按照总体规划要求，进一步执行和表现对风景旅游区的规划意图。所以，旅游区景观设计的内容理应包括与旅游景观系统及其景观总体发展规划有关的方方面面。

旅游规划最早起源于 20 世纪 30 年代中期的英国、法国和爱尔兰等国。最初的旅游规划只是为一些旅游项目或设施做一些起码的市场评估和场地设计。20 世纪 60 年代中期到 70 年代初的几年里，世界旅游业发展迅速，旅游开发的需求也逐步加大。与此相应的旅游规划在欧洲得到进一步发展，并逐渐发展到北美，然后进一步向亚洲和非洲国家扩展。

中国旅游规划的理论和实践的发展历史与西方国家相比较短，但是近年来发展却十分迅速。中国的旅游规划工作是与中国旅游业的发展同步的。中国国家旅游局于 20 世纪 70 年代成立。此后，国家建设规划部门开始对城市、景区加以规划，出现了风景旅游城市规划、旅游风景名胜区的规划等。林业部门也开始对森林旅游资源进行森林公园的规划与开发。

（三）住宅区景观空间设计

住宅周围的环境也非常重要。优美的住宅环境会使主人、来访者、邻居和过路人在美学和心理上产生共鸣。作为住宅的外围场所，室外景观可以看作是住宅建筑形式的向外延续。社交活动、用餐、烹饪、读书、日光浴、娱乐、园艺活动或是简单的放松都可以在室外空间进行。另外，室外景观可以体现出主人的生活习惯和价值取向，也可反映其自身个性和对待环境的态度。融入室外空间，树上小鸟的吟唱、鲜花盛开的芬芳以及造型独特的树木都可以使主人彻底放松，使思想与情感充满愉悦。

另外，随着“以人为本”成为新时期的追求，建立成熟的社区文化网络亦是居住者共同的愿望。现代的城市居民追求的是一个舒适的居住环境。他们既要求充足、合理、舒适的住宅内部空间，还要求静雅、恬适的住宅外部景观。他们不再满足于宽阔的绿地与新奇的硬质景观，而是需要在自己生活的周围充满现实的自然气息和融洽的邻里情感。于是通过住宅区景观来营造社区文化网络成为重要的途径。因此，要强调住宅区内部院落空间的营造，强调同归传统的邻里交往模式，并能得到良好的社会效益和经济效益。

因此，在进行住宅室外景观设计时，必须精心设计，充分发挥其功能和作用。

第二节　景观空间设计与布置的主要方法

一、景观空间设计的构成要素与处理

景观构成元素主要包括软质景观和硬质景观，影响景观元素的最终成因有气候、地理位置、地貌特征和历史、人文环境的差异。这些不同情况的差异，将构成景观的不同变化和特征。

（一）气候要素

气候主要受地理纬度和地形地貌的影响较大，一个地区的四季变化与天气特征对景观设计的影响是巨大的，该地是否多雨、是否干旱、是否多风等，这在景观设计中是不可忽

视的重要因素；环境微循环因素的作用也会对景观产生一定的影响，比如说植被覆盖程度、水系面积大小、用地是否向阳、用地是否是山地等。这一切在景观设计时考虑得不足都会对景观造景产生毁灭性的打击。

了解气候因素是景观设计师重要的设计参考法宝。在南方阳光充足的地区就应考虑适当的遮阴设施，风大寒冷的地方就应当考虑向阳避风。在纬度高的地区应在南向种植落叶阔叶乔木，而在低纬度地区应在南向种植常绿阔叶乔木。这样能够达到夏季有阴、冬季有阳的景观效果。

（二）地形要素

从地理学的角度来看，地形是指地球表面高低不同的三维起伏形态，即地表的外观，地貌是其具体的自然空间形态，如盆地、高原、河谷等。地貌特征是所有户外活动的根本，地形对环境景观有着种种实用价值，并且通过合理地利用地形地貌可以起到趋利避害的作用，适当的地形改造能形成更多的实用价值、观赏价值、生态价值。

地物是指地表上人工建造或自然形成的固定性物体。特定的地貌和地物的综合作用，就会形成复杂多样的地形。可以看出，地形是作为一种表现外部环境的地表因素。因此，不同地形，对环境的影响也有差异，对于其设计导则便不尽相同。

1. 地形的功能特征

地形要素是城市景观设计中的一个重要环节，是户外环境营造的必要手段之一。地形是指地表在三维项度上的形态特征，除最基本的承载功能外，还起到塑造空间、组织视线、调节局部气候和丰富游人体验等作用。同时，地形还是组织地表排水的重要手段。部分设计者在设计中常常缺失地形设计，致使方案无论在功能上，还是在风格特征上都无法令人满意。

地形可以塑造场地的形式特征，并对绿地的风格特征影响很大。地形有自然地形和规则地形（图6-1），以规则形态或有机形态雕塑般地构筑地表形态，构成地表肌理，能给人以强烈的视觉冲击，形成极具个性的场所特征和空间氛围，是景观设计的常用手段。

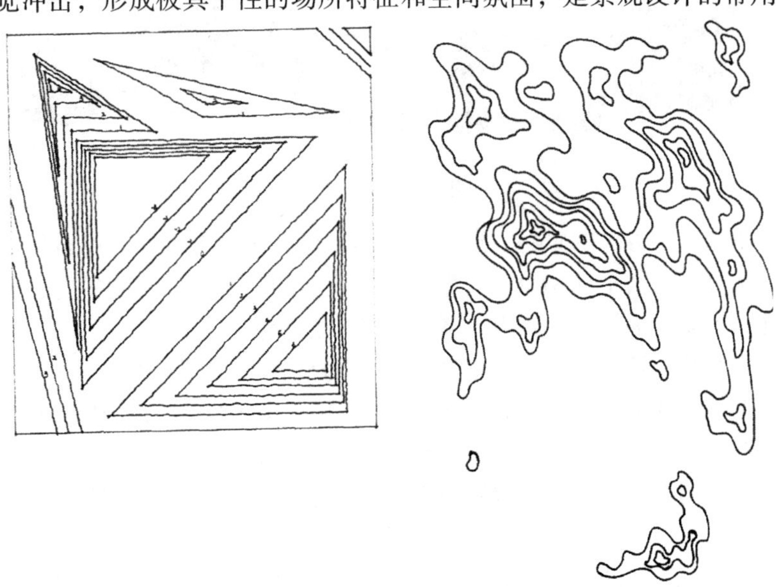

图6-1　规则地形和自然地形

地形的表现方式一般采用等高线。其他常用到的辅助表现方式有控制点标高、坡向、坡度标注等。

2. 地形的分类

（1）平地地形

平地是一种较为宽阔的地形，最为常见，被应用得也最多。平地地形是指与人的水平视线相平行的基面，这种基面的平行并不存在完全的水平，而是有着难以察觉的微弱的坡度，在人眼视觉上处于相对平行的状态。

平地从规模角度而言，有多种类型，大到一马平川的大草原，小到基址中可供三五人站立的平面。平地相比较其他类别地形的最大特征是具有开阔性、稳定性和简明性。平地的开阔性显而易见，对视线毫无遮挡，具有发散性，形成空旷暴露的感受。如图 6-2 所示，平地自身难以形成空间。

图 6-2　平坦地形

平地是视觉效果最简单明了的一种地形，没有较大起伏转折，但容易给人单调枯燥的感受。因此，在平地上做设计，除非为了强调场地的空旷性，应引入植被、墙体等垂直要素，遮挡视线，创造合适的私密性小空间，以丰富空间的构造，增添趣味性。如图 6-3 所示，通过地形的改造以及植物的运用形成私密空间。

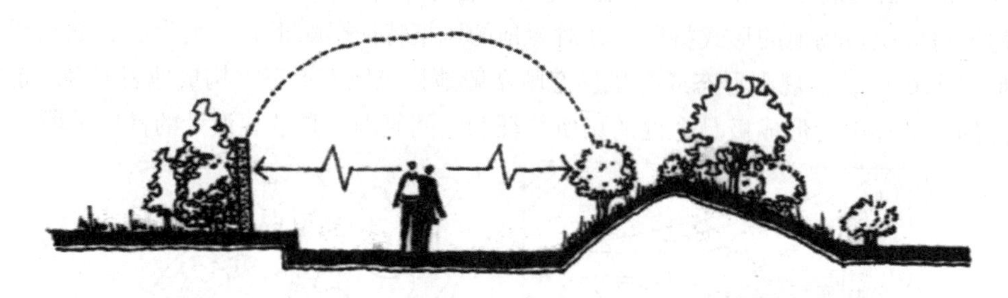

图 6-3　地形的改造

平地能够协调水平方向的景物，形成统一感，使其成为景观环境中自然的一部分。例如水平形状建筑及景物与平地相协调。反之，平地上的垂直性建筑或景观，有着突出于其他景物的高度，容易成为视觉的焦点，或往往充当标示物。

平地除了具有开阔性、稳定性和简明性以及协调性外，还有作为衬托物体的背景性，平地是无过多性格特征的，其场地的风格特点来源于平地之上的景观构筑物和植被的特征。这样，平地作为一种相对于场地其他构筑物的背景而存在，平静而耐人寻味，任何处于平地上的垂直景观都会以主体地位展露，并且代表着场所的精神性质。

（2）凸起地形

相对于平地而言，自然式的凸起地形通常富有动感和变化，如山丘等；人工式的凸起地形能够形成抬升空间，往往在一定区域内形成视觉中心。凸起地形可以简单定义为高出水平地面的土地。相比较平地，凸起地形有众多优势，此类地形具有强烈的支配感和动向感，在环境中有着象征权力与力量的地位，带来更多的尊重崇拜感。可以发现，一些重要的建筑物以及纪念性建筑多耸立于山的顶峰，加强了其崇高感和权威性。

凸起地形是一种外向形式，当建筑处于凸起地形的最高点时，视线是最好的，可以于此眺望任意方向的景色，并且不会受到地平线的限制。如图 6-4 所示，位于凸起地形高点时视线不受干扰。因此，凸起地形是作为眺望观景型建筑的最佳基址，引发游人“会当凌绝顶，一览众山小”的强烈感受。

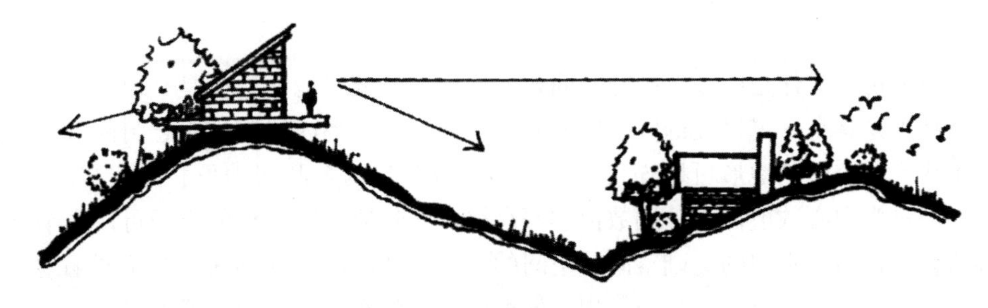

图 6-4　凸起地形（一）

想要加强凸起地形的高耸感方法有二：首先在山顶建造纵向延伸的建筑更有益于视线向高处的延伸；其次，纵向的线条和路线会强化凸起地形的形象特征。相反，横向的线条会把视线拉向水平方向，从而削弱凸起地形的高耸感。如图 6-5 所示，纵向线条加强凸起地形的性质，横向线条消弱高耸感。因此，针对特定的要求，应适当调整对凸起地形的塑造手法。

图 6-5　凸起地形（二）

凸起地形中包含了山脊的形式。所谓山脊，是条状的凸起地形，是凸起地形的变式和深化。山脊有着独特的动向感和指导性，对视线的指导更加明确，可将视觉引入景观中特定的点。山脊与凸起地形同样具有视觉的外向性和良好的排水性，是建筑、道路、停车场的较佳选址。

凸起地形还能够调节微气候。不同朝向的坡地适宜种植的植物也有所不同，在设计时应合理选择。在凸起地形的各个方向的斜坡上会产生有差异的小气候，东南坡冬季受阳光照射较多且夏季凉风强烈，而西北坡冬季几乎照射不到阳光，同时受冬季西北冷风的侵袭。图 6-6 所示，西北坡受冬季寒风吹袭。因此，在我国大多数地区，东南朝向的斜坡是最佳的场所。

总之，凸起地形有着创造多种景观体验、引人注目和多姿多彩的作用，这些作用不可忽视，通过合理的设计可以取得良好的功能作用和视觉体验。

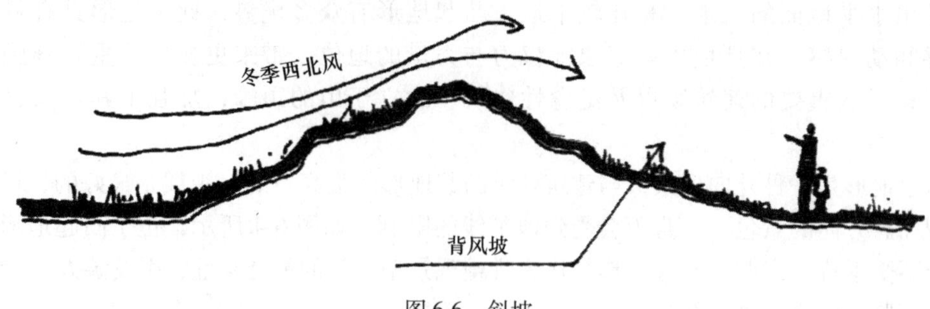

图 6-6　斜坡

（3）凹陷地形

凹陷地形可以看作是由多个凸起空间相连接形成的低洼地形，或是平坦地形中的下沉空间。其特点是具有一定尺度的竖向围合界面，在一定范围内能产生围合封闭效应，减少外界的干扰。一个凹陷地形可以连接两块平地，也可与两个凸起地形相连。在地形图上，凹陷地形表示为中心数值低于外围数值的等高线。凹陷地形所形成的空间可以容纳许多人的各种活动，作为景观中的基础空间。空间的开敞程度以及心理感受取决于凹陷地形的基底低于最高点的数值，以及凹陷地形周边的坡度系数和底面空间的面积范围。

凹陷地形有着内向性和向心性的特质，有别于凸起地形的外向性和发散性，凹陷地形能将人的视线及注意力集中在它底部的中心，是集会、观看表演的最佳地形。如图 6-7 所示，凹陷地形中视线聚集在下方内部空间。将凹陷地形作为独特的表演场地是可取的，而凹陷地形的坡面恰巧可作为观众眺望舞台中心的看台。许多的户外剧场、动物园观看动物的场地以及古代罗马斗兽场和现代运动场都是一个凹陷地形的坡面围成的较为封闭的空间。

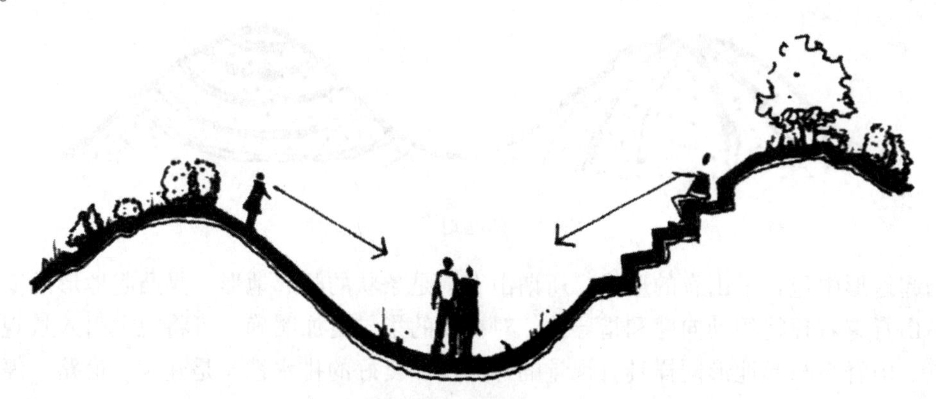

图 6-7　凹陷地形

凹陷地形对小气候带来的影响也是不可忽略的，它周边相对较高的斜坡阻挡了风沙的侵袭，而阳光却能直射到场地内，创造温暖的环境。虽然凹陷地形有着种种宜人的特征，但也避免不了落入潮湿的弊病之中，而且地势越低的地方，湿度就越大。首先这是因为降水排水的问题所造成的水分积累，其次是由于水分蒸发较慢。因而，洼地本身就是一个良好的蓄水池，也可以成为湖泊或是水池。

另一种特殊的凹陷地形——山谷，其形式特征与洼地基本相同，唯一不同的是山谷呈带状分布且具有方向性和动态性，可以作为道路，也可作为水流运动的渠道。但山谷之处属于水文生态较为敏感的地区，多有小溪河流通过，也极易造成洪涝现象。山谷地区设计时应注意尽量保留为农业用地，生态脆弱的地区谨慎开发和利用，而在山谷外围的斜坡上是较佳的建设用地。

实际上，这些类别的地形总是相互联系、互相补足、不可分割的，一块区域的大地形可以由多种形态的小地形组成，而一个小地形又由多种微地形构成，因此，设计过程中对地形地貌的研究不能单一地进行，要采用分析与综合的方法进行设计与研究。

3. 地形设计的原则

地形设计的原则主要体现在以下几个方面：

（1）对地形的改造应尽量以最小干预为原则，尊重原有地形地貌，尽量减少“填方”和“挖方”。

（2）要做到因地制宜地改造地形，符合自然规律，不可破坏生态基础，根据具体地理环境制订改造设计计划。

（3）在进行地形的改造和设计过程中，要考虑艺术审美要求。

（4）设计应以节约为指导原则。

4. 地形的设计手法

地形设计应该因地制宜、顺其自然，利用为主、改造为辅。在城市景观中的铺装、植物、建筑等的布置应根据地形的走势，尽量避免、减少挖方或填方，做到挖、填土方量在场地中相互平衡、合理运用，这样可以节省大量的人力、物力、财力，减少不必要的资源浪费。

在城市景观设计中，坡地具有动态的景观特性，合理地利用坡地的地形优势，与水景（瀑布、溪涧等）、植物、建筑等结合，能创造出层次丰富、极具动感的景观效果。同时，在地形变化不明显的场所中，通过营造局部下沉或抬升空间的方法，可以增强景观的视觉层次及空间的趣味性，给游人带来不同的空间感受，即用点状地形加强场所的领域感、用线状地形创造空间的连续性。由于自然界中未经处理的地形变化通常都是线条流畅的自然形态，因此，将景观设计中的地形处理成诸如圆锥、棱台、连续的折线等规则或简洁的几何形体，形成抽象雕塑一样的体量，能与自然景观产生鲜明的视觉效果对比，从而提升游人观赏及参与的兴趣。

场地的等高线是地形设计的主要参考因素，一般来说，车与人沿等高线方向行进最为省力，建筑物的长边平行于等高线布局，也可以在一定程度上减少土方量。当场地坡度过大，或是需在坡地环境营造平坦空间时，可利用挡土墙将原有地形做梯田状的改造，即把连续的坡地分割成几个高度跌落的平台，在不同的台地上分别组织相应的功能，极大地提升了景观的层次感和丰富度。

（三）软质景观处理

软质景观在景观构成上具有维持生态平衡、美化环境等作用，是能随着时间变化的景观重要元素。植物的形态是构成景观环境的重要因素。植物的外部形态特征为景观环境带来了多种多样的空间形式。景观环境中的植物材料具有实用机能和景观机能等多重意义。绿色植物是景观环境中最受欢迎的构景材料，它是活的景观构筑物，富有生命特征和活力。

1. 植物种植设计

(1) 植物的空间塑造作用

植物在构成室外空间时，具有塑造空间的功能。植物的树干、树冠、枝叶等控制了人们的视线，通过各种变化互相组合，形成了不同的空间形式。植物空间的类型主要有以下几类。

① 开闭空间。在生态景观设计中需要注意植物的自身变化会直接影响到空间的封闭程度，设计师在选择植物营造空间时，应根据植物的不同形态特征、生理特性等因素，恰当地配置营造空间。借助于植物材料作为空间开闭的限制因素，根据闭合度的不同主要分为封闭空间、开敞空间、半开敞空间等几种类型。

封闭空间是指水平面由灌木和小乔木围合，形成一个全封闭或半封闭的空间，在这个空间内我们的视线受到物体的遮挡，而且环境通常也比较安静，容易让人产生安全感，所以在休息室我们经常采用这种设计（图 6-8）。

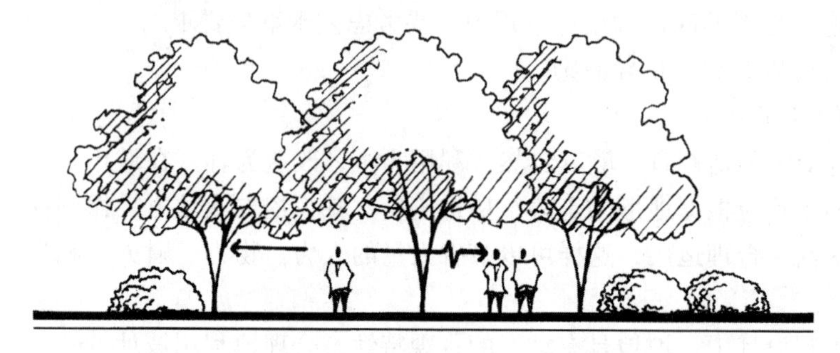

图 6-8　封闭空间

开敞空间（图 6-9）在开放式绿地、城市公园、广场、水岸边等一些景观设计类型中多见，如草坪、开阔水面等。这类空间中，人的视线一般都高于四周的景观，可使人的心情舒畅，产生开阔、轻松、自由、满足之感。对这类空间的营造，可采用低矮的灌木、草木花卉、地被植物、草坪等。

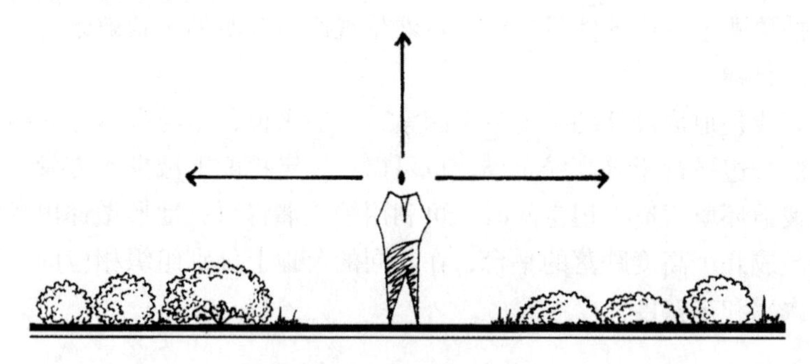

图 6-9　开敞空间

半开敞空间是指从一个开敞空间到封闭空间的过渡空间（图 6-10），即在一定区域范围内，四周并不完全开敞，而是有部分视角被植物遮挡起来，其余方向则视线通透。开敞的区域有大有小，可以根据功能与设计的需要不同来设计。半开敞空间多见于入口处和局部景观不佳的区域，容易给人一种归属感。

② 动态空间。所谓的动态空间，就是空间的状态是随着植物的生长变换而随之变换

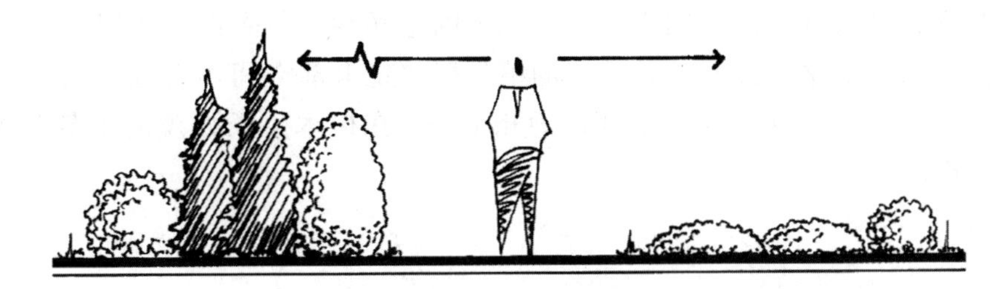

图6-10　半开敞空间

的。我们都知道植物在一年四季中都是不同的，把植物的动态变化融入到空间设计中，赋予空间生命力，也带给人不同寻常的感受。

③ 方向空间。植物一般都具有向阳性的生长特点，所以当设计师利用植物来装饰空间的时候要特别注意对植物的生长方向进行制约，以此达到想要的空间设计效果。方向空间包括垂直空间、水平空间两种类型。

垂直空间主要是指利用高而密的植物构成四周直立、朝天开敞的垂直空间，具有较强的引导性（图6-11）。在进行垂直空间的设计时我们常常使用那些细长而且枝繁叶茂的树木来拉伸直整个空间，运用这种空间设计的时候整个景观的视野是向上延伸的，当我们抬头向上望时会给人造成一种压迫感，因此在这种空间内我们的视线会被固定，注意力也会比较集中。

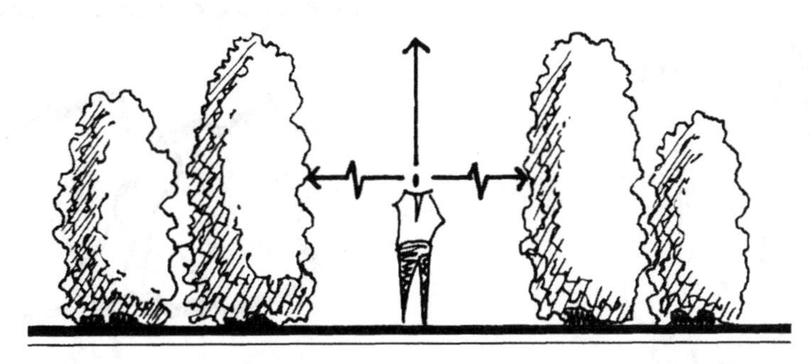

图6-11　垂直空间

善于利用细长的树木来划分不同的空间结构是设计师必须掌握的一项技能。树干就相当于一堵围墙，运用树木或稀或密的排列，形成开阔或者是密闭的空间（图6-12）。因此这对施工前期的树木种植的合理性要求较高。

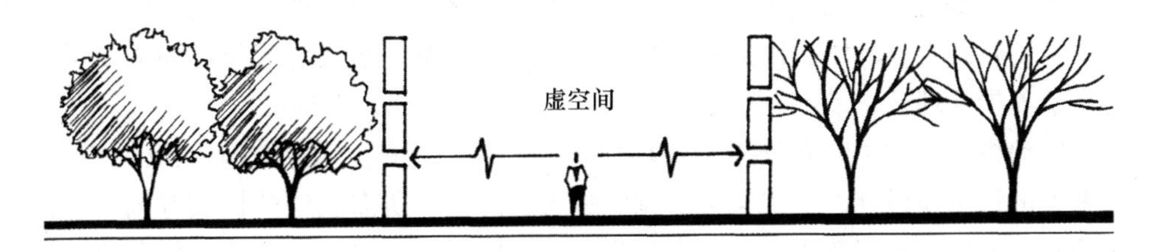

图6-12　树干形成的空间感

水平空间是指空间中只有水平要素限定，人的视线和行动不被限定，但有一定隐蔽感、覆盖感的空间。在水平空间内空间的范围是非常大的，相对来说它的视野也较为开阔，但是在这种敞开式的空间中要求有一定的隐私性、包裹性，我们可以利用外部的植物来达到这种效果。那些枝繁叶茂的植物能够把上部空间很好地封锁住，而水平的视野没有受到限制，这一点和森林极为相似——在树木生长繁茂的季节有昏暗幽静的感觉（图6-13）。

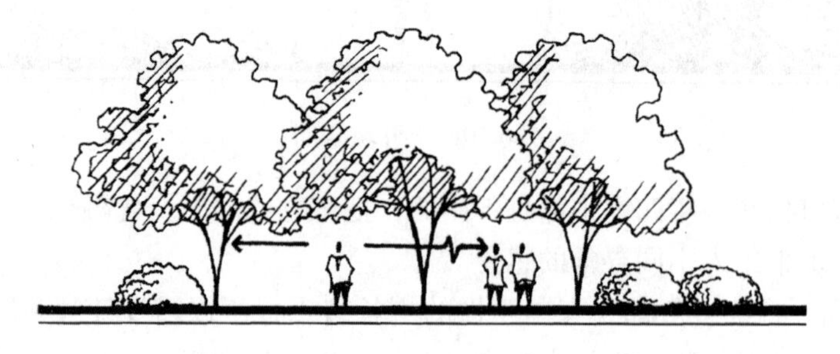

图6-13　水平空间

我们除了利用生长繁茂的植物来营造这种覆盖空间，还可以使用类似于爬山虎这种的攀缘类植物达到这种效果（图6-14）。这是因为这类植物具有很好的方向性，它的生长方向非常容易控制，因此在空间设计时得到了广泛的运用。

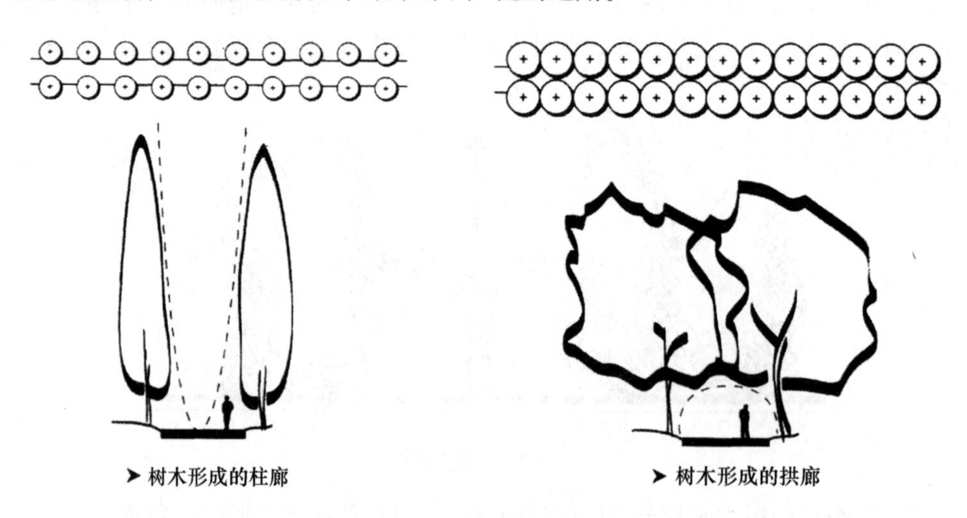

图6-14　廊道与覆盖空间

（2）植物种植设计的原则

选择当地的常见植物在城市景观中运用，不但强化了景观的地域特色，同时也给植物提供了一个良好的生存环境，因为本地植物对光照、土壤、水文、气候等环境因子都已适应，更易于养护管理。

所有的动植物和微生物对其生长的环境来说都是特定的，设计师不能仅凭审美喜好、经济因素等进行植物设计，还应当考虑到病虫害的防御、所需土壤的性质等因素，保持有效数量的乡土植物种群，尊重各种生态过程及自然的干扰，以此来形成生物群落，才能保持生态平衡。

根据当地城市的环境气候条件选择适合生长的植物种类，在漫长的植物栽培和应用观赏中形成具有地方特色的植物景观，并与当地的文化融为一体，甚至有些植物可能逐渐演化为一个国家或地区的象征，如荷兰郁金香、日本樱花、加拿大枫树都是极具地方特色的植物景观。我国地域辽阔，气候迥异，园林植物栽培历史悠久，形成了丰富的地方性植物景观，例如北京的国槐、侧柏，深圳的叶子花，攀枝花的木棉，都具有浓郁的地方特色。这些特色植物种类能反映城市风貌，突出城市景观特色。

（3）植物种植设计的要领

① 确定主景植物与基调植物。在设计中如没有特别的要求，种植设计的深度一般不要求确定每一棵植物的品种，但需要确定主景植物与基调植物。图纸表达一定要能区分出乔、灌、草和水生植物，能够区分出常绿和落叶。在对植物进行选择时，要思考如下问题：如何理解种植设计？在设计中植物起什么作用？还需要有针对地研究一下植物的种植要点，可以参考相关植物设计书籍中关于种植设计的讲解。

② 种植设计要有明确的目的性。种植设计需从大处着眼，有明确的目的性。无论是整体还是局部，都要明确希望通过植物的栽植实现什么样的目的，达到什么样的效果，创造什么样的空间，需有一个总体的构想，即一个大概的植被规划。是一个开阔的场景，还是一个幽闭的环境？是繁花似锦，还是绿树浓荫？是传统情调，还是现代气息？明确哪些地方需要林地，哪些地方需要草坪，哪些地方需要线性的栽植，是否需要强调植物的色彩布局，是否需要设置专类园等。这些都是在初始阶段需要明确的核心问题。

③ 理解并把握乔木的栽植类型。乔木的栽植类型主要有孤植、对植、行植、丛植、林植、群植六种类型。此外，再加上不栽乔木的开阔草坪区域，构成了一个整体绿色环境。在设计过程中，应根据具体的设计需要选择恰当的栽植类型，以形成空间结构清晰、栽植类型多样的效果。

④ 充分利用植物塑造空间。我们设计的大部分户外环境，一般都以乔木和灌木作为空间构成的主要要素，是空间垂直界面的主体。植物还可以创造出有顶界面的覆盖空间。在应用植物塑造空间时，头脑中对利用植物将要塑造的空间需先有一个设想或规划，做到心中有数，如空间的尺度、开合、视线关系等，不可漫无目的地种树。植物空间要求多样丰富，种植需有疏密变化，做到“疏可走马、密不透风”。

⑤ 林冠线和林缘线的控制。种植时需控制好林冠线和林缘线。林缘线一般形成植物空间的边界（图 6-15），即空间的界面，对于空间的尺度、景深、封闭程度和视线控制（图 6-16）等起到了重要作用。林冠线也要有起伏变化，注意结合地形。

可以通过林缘线的巧妙设计和视线的透漏，创造出丰富的植物层次和较深远的景深，也可以通过乔、灌、草的搭配，创造出层次丰富的植物群落。

⑥ 与其他要素相配合。特别是与场地、地形、建筑和道路相协调、相配合，形成统一有机的空间系统。如在山水骨架基础上，运用植物进一步划分和组织空间，使空间更加丰富。

⑦ 植物的选用。注意花卉、花灌木、异色叶树、秋色叶树和水生植物等的应用，可以活跃气氛，增加色彩、香味。大面积的花带、花海能形成热烈、奔放的空间氛围，令人印象深刻。水生植物可以净化水体，增加绿量，丰富水面层次。

2. 水景设计

水景因其灵动多变的特性，往往被视作景观设计中的重点。相对于景观的其他组成部分而言，水景更为活跃，它不仅集流动的声音、多变的形态、斑驳的色彩等诸多因素于一

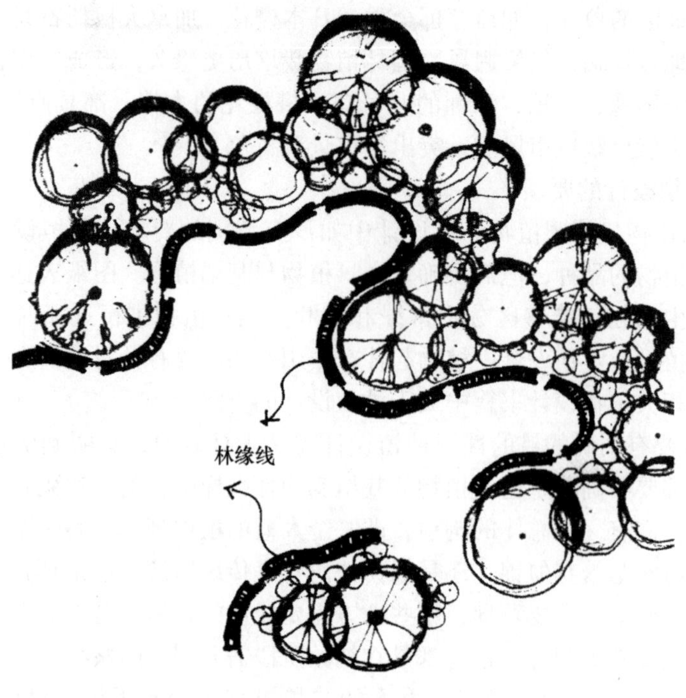

图 6-15　林缘线

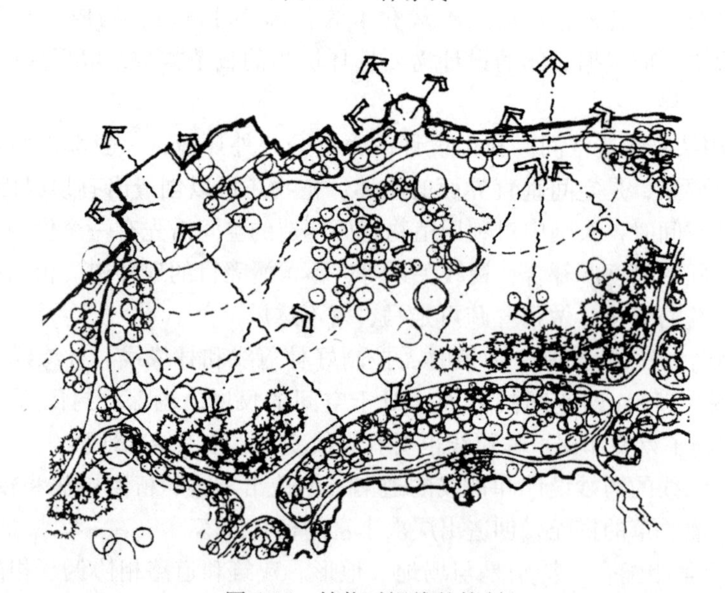

图 6-16　植物对视线的控制

体，还兼具了“动”和“静”的特质，一动一静别具匠心。

（1）水景的作用

水景在景观设计中的的作用可概括为以下几点：

① 基底背景作用。广阔的水面可开阔人们的视域，有衬托水畔和水中景观的基底作用。当水面面积不大时，水面仍可因其产生的倒影起到扩大和丰富空间视觉和心理的效果。

② 生态平衡作用。在大尺度的自然水体——湖岸、河流边界和湿地会形成多个动植

物种群的栖息地，生态系统维持着生物链的平衡、多样和完整，为人类与自然的和谐共存奠定基础。虽然景观设计中一些小尺度的水景不具备宏观景观生态学所定义的生态意义，但是它们仍然对人居环境具有积极的作用。

水体景观能调节区域小气候，对场地环境具有一定的影响作用。大面积水域能够增加空气的湿度，调节园林内的温度，水与空气中的分子撞击能够产生大量的负氧离子，具有一定的清洁作用，有利于人们的身心健康。水体在一定程度上改善区域环境的小气候，有利于营造更加适宜的景观环境。夏季通常比外界温度低，而冬季则比外界温度高。另外，水体在增加空气湿润度、减弱噪声等方面也有明显效果（图6-17）。

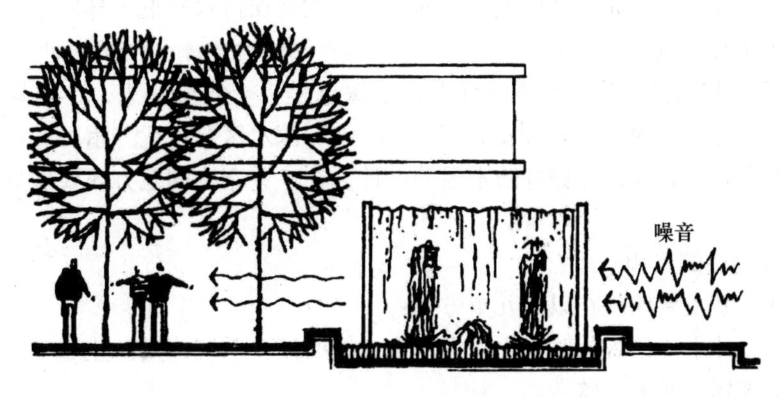

图6-17　水体能减弱噪声

③ 赋予感官享受。水可通过产生的景象和声音激发思维，使人产生联想。水的影像、声音、味道和触感都能给人的心理和生理带来愉悦感。对于大多数人来说，景观中的水都是其审美的视觉焦点，可以从中获得视觉、听觉和触觉的享受，甚至升华为对景观意境的追求与共鸣。

④ 提升景观的互动和参与性。水体不仅仅给人以感官享受，在一些特定的水体形式中，人们能与水景产生互动，可以增强人对城市景观的体验。水体具有特殊的魅力，亲近水面会给人带来各种乐趣。为了满足人的亲水天性，提升空间的魅力，可利用水体开展各种水上娱乐活动，如游泳、划船、溜冰、船模等，这些娱乐活动极大地丰富了人们对空间的体验，拓展了整个环境的功能组成，并增加了空间的可参与性和吸引力。当今出现了更多新颖的水上活动，如冲浪、漂流、水上乐园等。

⑤ 划分与割断空间。在景观设计中，尤其是一些场地尺度较为局促、紧张的景观场所中，为避免单调，不使游客产生过于平淡的感觉，常用水体将其分隔成不同主题风格的观赏空间，以此来拉长观赏。

（2）水景设计的原则

水景在景观设计中的应用是一个亮点，同时也是一个难点，一般来说要注意以下几点原则：

① 合理定位水景的功能与形式。在对整个场地进行勘察的时候要明确水景的具体功能，应该结合当地的自然资源、历史文脉、经济因素等条件因地制宜地建造功能适宜的水景观。同时，城市景观是一个整体，水体是整个景观的一部分，所以水景要与整个景观融为一体，水体应与场地内的建筑、环境与空间相协调，尽可能合理利用景观所在地的现有

条件造出整体风格统一、富有地域性文化内涵的水体景观，而不是孤立地去设计水景。此外，初期投资费用以及后续管理费用也应结合水景的功能定位，给予合理安排。

② 人工水景设计要考虑净化问题。人工式水景可能会有污染，因此，可根据具体的水景形式，通过安装循环装置或种植有净化作用的水生植物来解决，并且应对水体进行连续或定期的水质检测、消毒等措施，以便发现问题及时处理。

③ 高科技元素可以丰富水体的应用与表现形式。水景设计是一项多学科交叉的工程，它是一门集声、光、电于一体的综合技术。灯光可使水体拥有绚烂的色彩，一些电子设备可以使水纵向造型，音乐和音效的加入更强化了观者的心理愉悦程度。另外，对于一些有特殊需要的水体景观，例如在降低能耗的前提下，如何保持水在低温环境中不结冰，都需要创新性科技元素的应用。

④ 做好安全和防护措施。水能够导电，水深也是一个安全隐患，在水景设计时要根据功能合理地设计水体深度，妥善安放管线和设施，深水区要设置警示牌和护栏等切实有效的安全防护措施。另外，要做好防水层的设计，在一些寒冷的地方还要做好设施的防冻措施。

（3）水景设计的要领

水景设计要领主要体现在以下几个方面：

第一，在设计水体景观的时候要特别注重水体的流动系统，要防止水变成死水，不然就会造成环境破坏以及影响欣赏。

第二，因为水的流动性，所以在设计的时候一定要做好防漏水处理，防患于未然。

第三，有一些景观的管线暴露在外，对景观的美观影响是极大的，所以在前期设计当中要考虑到位，以免出现类似的情况。

第四，在选用水体景观的底部设计材料的时候，要根据想要呈现的效果选择合适的用料及设计。

第五，最重要的还要属安全，漏电的情况是绝对不允许发生的，其次水深也是一个影响安全的重要因素。

3. 柔性材料的使用

柔性材料一般是指膜状结构或者弹性结构，是现代工业文明的产物。膜状结构是用较轻细的金属支撑的纤维织品或塑制品，用这种结构形式所表现的是轻盈、飘逸的景观构筑物。弹性结构一般是指碳纤维或特种金属所构成的弹性或柔性结构，一般光感突出、色彩鲜明，容易引起人的注意，能增强景观主题的表现。

（四）硬质景观处理

1. 道路设计

道路是指导观赏景观各节点之间的纽带，是整个景观体系的动脉。主干道路应简洁明确，承载主要的交通负荷。它不仅能组织各功能分区之间的联结关系，还起着分割景观空间定义空间的能力。道路具有良好的导向性，人习惯被道路系统所引导，所以道路系统的结构形式是决定景观中的人流动速度的调节器。一段交通便利的道路和一段曲折婉转的通道不仅能给人以不同的精神感受，更能使快速通过与闲庭信步成为可能。不同的设计手法把景观设计或闲适、或便捷的通道设计理念能够完全表达出来。

主干道一般应按游览路线布置成环状，应按景观路线设计，从起景开始到高潮至结束，引导人流，完成景观序列全过程。

次干道是引导人流进入景观深处的通道组织，是深化景观序列的重要手法之一。次干道应按景区内的承载能力设计人流通过量。

小路是景观区域内最活泼也最具趣味性的道路，它因为小而被一些设计师所忽略，可是小路却是一个景观环境中最容易表达情绪特征的元素，它能深入景观的腹地，深入引人入胜的幽深之处。

2. 铺装设计

在道路设计的基础上，铺装设计有其实际的使用意义和艺术价值，铺装设计能够划定空间所定义的“场所”，给空间场所定下某种意义或精神。

地面铺装的设计要点：

（1）质感。铺装材料的质感与形状、色彩一样，会给人们传递出信息，是以触觉和视觉来传达的，当人们触摸材料的时候，质感带给人们的感受比视觉的传达更加直接。铺装材料的外观质感大致可以分为粗犷与细腻、粗糙与光洁、坚硬与柔软、温暖与寒冷气、华丽与朴素、厚重与轻薄、清澈与混沌、透明与不透明等。铺装的质感设计需要考虑的问题包括：不同质感材料的调和、过渡；材料质感与空间尺度的协调；质感与色彩的均衡关系等问题。

（2）肌理。肌理是指铺装的纹样。纹样是铺装具有装饰、美化效果的基本要素，铺装纹样必须符合景观环境的主题或意境表达。随着景观设计的发展，地面铺装也形成了大量约定俗成的图案，引起人们的某种联想——波浪形的流线，让人们仿佛看到河流、海洋；以动植物为原型的铺地图案，又总会让人觉得栩栩如生；某些图案的组合，还能带给人节奏感与韵律感，好似跳动着的音符。同时，个性化、创造性的铺装图案越来越多，这些铺装图案的使用必须结合特定的环境，才能表达出其自身所蕴含着的深层次意蕴。

（3）色彩。色彩是影响铺装景观整体效果的重要组成部分。铺装色彩运用得是否合理，也是体现空间环境的魅力所在之处。铺装的色彩大多数情况下是整个景观环境的背景，作为背景的景观铺装材料的色彩必须是沉着的，它们应稳重而不沉闷，鲜明而不俗气。铺装设计一般不采用过于鲜艳的色彩，一方面，长时间处于鲜艳的色彩环境中容易让人产生视觉疲劳；另一方面，彩色铺装材料一般容易老化、褪色，这样将会显得残旧，影响景观质量。铺装的整体格调应与周边环境的色彩相和谐。

（4）尺度。铺装景观中对尺度的把控非常重要，尺度如果不合适，将对整体空间的氛围产生破坏，严重时甚至会使人们出现混乱感。通常，面积较大的空间要采用尺度较大的铺装材料，以表现整体的统一、大气；而面积较小的空间则要选用尺度较小的铺装材料，以此来刻画空间的精致。

（五）景观构筑物设计

景观构筑物是景观环境中造景元素的重要载体，起到连接、承转、过渡、高潮等一系列的景观构景需求，是构筑景观、表达精神的最基本的要素。一般从以下几点来构思设计。

1. 功能设计

主要针对于功能上的研究，因为功能决定事物的本质，掌握好功能就把握了事物的关键所在。在景观设计中，功能分析具有实际的指导意义，根据用地分类标准应进行场地综合分析与评价，按主题内容的意义进行方案设计，以达到功能与创意相结合的目的。

在功能设计中，应强调景观构筑物的协调性、秩序性与方向性的有机组合。

2. 仿生设计

仿生设计是在景观设计中模拟自然界中存在着的各种生物，依据生物体的不同结构形态进行设计的方法。利用生物体的特有的形态特征进行空间造型设计，并将这些造型手法运用到景观设计之中，重新赋予精神内涵。

植物本身的结构与动物多样化的构筑能力，促使人类在仿生学中不停地探索与创新；并利用这种原始的结构形式联想出新的形象，创造出许多新奇的景观构筑物。往往这种新结构、新形态一出现就得到人们的欢迎。这种设计方法可以总结为通过生物及其构筑体进行联想，产生景观构筑物结构上的仿生态，进而脱离这种完全模拟的形式，在结构上重新产生新的启发与创造。

3. 景观系统设计

是从整体上把握设计方向，依据地域环境做系统的分析与评价，解决与创意相冲突的矛盾，同时把整个创意分解为相互独立的节点元素，再将各景观节点分级排列进行分析，以视线分析为主要设计方向，并在分析中获取优秀的设计理念与意图。

在景观创意设计中，必须以整体功能要求为前提条件，附加以精神理念，结合有关功能关系要素与人文历史要素，将各要素加以整合，创造性地设计出符合景观整体功能布局的创意设计方案。

4. 象征设计

象征设计的形态往往引起人们的丰富联想。景观设计中的构筑物应在结构、功能及形态等方面达到完美统一，创造富有地域、民族、时代气息的景观环境。达到“巧于因借，精在体宜”的理念高度。

在象征设计中，文化的因素是最为重要的理念基础，一切的联想与象征都应该根植于这个精神依托。象征设计只有在这个起点上再加以风格的强化才能不失偏颇。

二、景观空间的序列组织及其方法

空间序列设计，依据人们活动过程的规律，按行为过程的时间要求，把不同空间作为彼此联系的整体考虑；空间序列，以其特有的时间和形态的连续性反作用于人的心理、精神。人在空间内活动的精神感受，是空间序列考虑的基本因素。

空间组织与景观构图关系密切，没有视景空间，没有一定的视距空间，很难组织良好的景观视线。在视景空间中，有静态空间、动态空间、开敞空间和封闭空间。观赏静态景观的视点相对固定的静态空间，由于人的移动，出现步移景易的动态观赏和组织动态空间的需求，需要把空间划分为既有联系又能独立，自成体系的局部空间。在游人多、逗留久的地方，如亭、廊、茶厅中、入口处、制高点、构图的中心等地带，安排优美的景观，满足人们的静观需求。在静态景观前，留有足够的场地安排广场、平台、亭廊、公共建筑等让人们在此驻足观赏。在动态观赏的空间组织中，须考虑构图的边际线和景色交替、节奏的韵律感，使之有起止、有高潮。

（一）景观空间的组合

景观空间的组合须考虑到两种情况：

（1）景观空间的组合与其他景观构图形式的关系。由于景观各局部要求容纳游人活动的数量不同，对景观空间的大小和范围的要求也不同。在安排空间的划分与组合时，宜将其中最主要的空间作为布局中心，再辅以若干中小空间，使主次分明并相互对比。安排大、中、小空间位置时，宜疏密相间、错落有致。

（2）一般大型景观中，常做集锦式景点和景区布局，或做周边式、角隅式布局。往往以大型水面为构图中心和主体，空间组合沿周边布置。在小型、中型景观中，纯粹使用景观空间的构成和组合，满足构图要求，也不排除使用其他构图形式。

景观空间组合的具体条件千变万化，要根据具体情况和条件安排。一般规律有三点：

（1）曲折变化，用一条或若干条轴或轴网控制时，须注意避免构图生硬。

（2）空间组合的连续性的节奏感。不同类型的主体、从属、过渡空间可以组合成抑扬顿挫、轻重缓急、强烈平淡、活泼轻快的不同节奏感的空间序列。

（3）突出空间感的强弱、意境、气氛和情调的对比。

（二）景观空间的导向性

常利用有连续韵律排列的植物、柱、灯与小品等的反复或交替出现，或利用有方向性的色彩、线条，结合地面与侧面、顶部等的处理，暗示景观方向，成为空间导向性标志。

（三）轴线设计

轴线设计是指路线和视线以轴线形式组织景观空间，形成趋向某一点或有一定意境主题的游览序列。轴线，可作为透景线（或景观视线通道），在树木或其他景物间保留出透视远方景物的空间。轴线具有以下特性：

（1）统一性。轴线组织控制整个景观，使之成为一个有机的整体。轴线两侧的景观在形式上互相配合，使空间序列获得新的趣味与价值；利用轴线节点、端点、转折点、轴线两侧、沿轴线延伸方向等组织主题景物，会得到充分彰显的效果。

（2）外延性。轴线强而有力，吸引观赏者的注意力和兴趣，景观顺轴线具有延伸性，引导游览路线。轴线虽然看不见，却强烈地存在于人们的感觉中，沿着人的视线，轴线有深度感和方向感，其方向、深度和周围环境界面的边际轮廓决定其空间领域。

（3）向心性。几条轴线交叉，可形成由主轴、次轴控制的轴网；有时几条轴线辐射状交叉，主次不十分明确。轴线交叉点上的景观可通过轴线的向心性得以强调。

轴线的明暗：轴线可分为明轴线和暗轴线。明轴线，通常为对称的中轴线。暗轴线，不拘泥于对称格局，其形态多样，可能是不同形态的路径，有强烈引导趋势的曲线形的道路；通过明确的对位关系或连续韵律的重复等手段，形成非道路形式的“暗轴”。暗轴线可以使景观设计的手法不拘一格，组织一条强有力的线索，让相关景物彼此衔接，并将此结构加之空间及观赏者，使人服从空间计划并感知整体序列。

轴线是组织大型景观空间的有效手法，轴线同主要街道相关联，可以组织景观和周围环境，使空间成为一个秩序井然、具有强烈的空间感染力的有机整体。

（四）视觉中心

视觉中心具有欣赏性，在空间上起引导作用，一般多用在入口处、交通转折点或易迷失方向的部位。有时是趣味性的雕塑、小品、壁画，或造型独特的花坛与植物；有时是空间本身的台阶、地面、隔断等。

突出视觉中心的方法有：

（1）提升主体：置于空间构图的重心、动势向心的位置，向阳朝向或加强局部照明等。

（2）空间构图的对比变化：空间序列设计上，常采用先收后放、先抑后扬、欲明先暗等手法，使空间序列不断对比变化，互相衬托，强调出序列高潮。

（五）高视点景观

高视点景观，观景的位置居高临下，设计时要同时考虑水平和垂直方向的景观序列和其视觉效果。

高视点景观平面布局大致可分为两种：

（1）图案布局。具有明显的轴线、对称关系和几何形状，通过地上的道路、花卉、绿化种植物及硬铺装等组合，突出韵律感及节奏感。

（2）自由布局。无明显的轴线和几何图案，通过道路、绿化种植、水面等组成（如高尔夫球练习场），突出场地的自然变化。

在点、线、面的布置上，高视点设计很少采用“点”和“线”，大多强调“面”，如由草坪色、水面色、铺地色、植物覆盖色等组成大面积色块的合理搭配和色调对比，色块轮廓清晰明确。

三、景观空间的具体布置手法

景观空间设计，是根据外部空间限定和空间组织研究，充分考虑到人的观察路线对空间组织的影响，对空间进行合理的安排和组织。在手法上，需要综合运用对比与变化、重复与再现、衔接与过渡、引导与暗示等多种形式。只有这样，才能建立一个完整、统一的空间序列。

（一）对比与变化

空间的组合或系列空间的设计所面临的问题之一，就是如何在不同的功能要求下，把各种空间统一起来。但是，仅仅统一还不够，还要在统一的基础上求变化。两个毗邻的空间，如果在某一方面呈现出明显的差异，借助这种差异性的对比作用，就可以反衬出各自的特点，使人们从这一空间进入另一空间时，产生情绪上的突变与快感。如果没有对比和变化，只会使空间平淡无奇。在具体设计中，一般常采用的对比手法有体量的对比、形状的对比、通透程度的对比、明暗的对比、方向的对比等。不管是采用哪种手法，其要点都是要从人的心理活动出发考虑问题。“欲扬先抑”一般是用在体量的对比上，即让人进入大空间之前先让其去一个小空间，以达到对比，产生为之一振的效果。形状的对比、通透程度的对比也是同样的。先让你进入一个封闭、较小的空间，随之而来的是突然豁朗、开阔的空间，从而产生出一种美感。

（二）重复与再现

空间的对比强调的是统一中求变化，空间的重复与再现则更多的是寻求相似。同一种形式的空间，如果连续多次或有规律地重复出现，可以形成一种韵律节奏感。但这种重复运用，并非是要形成一个统一的大空间，而是要与其他形式的空间互相交替、穿插而组合成为一个整体。人们在连续的行进过程中，通过回忆可以感受到由于某一形式空间的重复出现或重复与变化的交替出现而产生的一种节奏感。

（三）衔接与过渡

在景观设计的空间组合关系中，必然遇到的一个重要的问题，就是空间的衔接和过渡。它涉及从一个空间到另一个空间时，所产生的心理感受和使用功能上的便利与否。两个空间之间的过渡处理过于简单，会让人感到突然或单薄，不能给人留下深刻的印象，这时就需要发挥过渡性空间的作用。从一个空间走到另一个空间，经历由大到小、由小到大、由高到低、由低到高、由亮到暗、由暗到亮的过程，从而在记忆中留下烙印。空间的衔接和过渡一般分为直接和间接两种方式。直接方式是两个空间直接地连通，以隔断或者门洞等进行处理。空间的间接过渡，往往是在两个空间之间设置一个独立空间作为过渡，称之为过渡空间。过渡空间既有出于实用方面的考虑，也有表示礼节和制造气氛的作用，如城市公园入口广场的设计。两个被连接的空间往往由于功能、性质的不同，在空间的形态、气氛上也会有较大的差别。要解决这种差异的突然感，就必须考虑用过渡空间去缓冲、调和或者制造出起伏的节奏感。

（四）引导与暗示

引导与暗示是利用人的心理特点和习惯，合理而巧妙地设计和安排路线，使人自然地、于不经意之中沿着一定的方向或路线从一个空间依次走向另一个空间。引导与暗示是一种艺术化的处理方法，它不是路标式的信息传递，而是通过人们感兴趣的某种形状、色彩等来引导人的行为，从而既能满足设计的功能要求，又能使人得到某种设计美的体验。

空间暗示与引导的主要处理方法有：①以弯曲的墙面，把人流引向某个确定的方向，并暗示另一空间的存在；②利用特殊形式的楼梯或特意设置的踏步，暗示出上一层空间的存在；③利用地面处理暗示出前进的方向；④利用空间的灵活分隔，暗示出另外一些空间的存在。

巧妙的空间暗示和引导是使空间具有自然气息的重要手段，同时给连续的外部空间序列增添了无限的情趣和艺术感。尤其是对于具有自然空间观念的东方人来说，自然的空间引导更是必不可少的。

第三节　景观设计的未来与可持续化景观设计方法

一、景观设计的未来趋势

当下，以能源消耗为基础的增长模式以及信息化、全球化的发展趋势为人类发展提出了新的挑战，生态环境的恶化、城市面貌的趋同、传统文化的消失，使得原本以承载休闲活动、观赏美景、提供景观为设计目标的景观空间设计也必须扩大其深层次的内涵，在行为科学、可持续发展、生态、传承文化及倡导创新方面有更高层次的追求。

（一）行为科学与人性化景观设计

古典主义的景观设计是以人的意志为中心的，现代景观设计强调“创造使人和景观环境相结合的场所，并使二者相得益彰。”人可以改变环境，但人也离不开环境的支撑。著名的《马丘比丘宣言》（Charter of Machu Picchu）中有这样一句话：“我们深信人的相互作用和交往是城市存在的根本依据。”1981 年的《华沙宣言》进一步指出“人类聚居地，必须提供一定的生活环境，维护个人、家庭和社会的一致，采取充分手段保障私密性，并且提供面对面的相互交往的可能”。阿尔伯特·J·拉特利奇（Albert J. Rutledge）的《大众行为与公园设计》（A Visual Approach to Par Design）、扬·盖尔（Jan Gehl）的《交往与空间》（Life between Buildings Using Public Space）、爱德华·T·霍尔（Edward T. Hall）的《隐匿的尺度》（The Hidden Dimension）等专著集中就环境中人的行为问题展开了讨论与研究，对于进一步认清人在环境中的行为与心理有很大帮助。在一系列研究的基础上，现代景观设计的内涵更为丰富，它融功能、空间组织和形式创新为一体，不仅提供良好的服务和使用功能，还考虑到人们在使用中的心理和行为需求。

约翰·O·西蒙兹（John Ormsbee Simonds，1913—2005 年）在《景观设计学——场地规划与设计手册》（Landscape Architecture-A Manual of Site Planning and Design）中指出：“景观，并非仅仅意味着一种可见的美观，它更是包含了从人及人所依赖生存的社会及自然那里获得多种特点的空间；同时，应能够提高环境品质并成为未来发展所需要的生态资源。”新一代的景观设计师应该严格遵循“以人为本”的原则，将“人性化”设计作为设计的立足点，在设计中全面考虑，满足不同人的不同需求。人性化景观设计的建成还有赖于使用者的积极参与，因此，应积极倡导使用者参与到空间环境设计中，将个人的需求反馈给设计者，有助于设计师完善和改进景观设计，同时也有助于加强使用者对景观的认同。未来的景观设计应更多地利用“互动”与“交互”的关系，发挥使用者的潜力。

（二）场所再生理念与废弃地景观化改造

任何人工营建的设施都是有使用寿命的，我国民用建筑的使用寿命一般为 50 ~ 100 年，即便是使用寿命期内的建筑也会因转变使用功能，需要进行处置和二次设计。

致力于废弃工业地景观化再生的领军人物如理查德·哈格（Richard Haag，1923— ）和罗伯特·史密森（Robert Smithson，1938—1973 年）、彼得·拉兹（Peter Latz，1939— ）等人，代表性的作品有：美国西雅图煤气厂公园（Gas Work Par）、德国北杜伊斯堡景观公园（Duisburg North Landscape Park）、德国萨尔布吕肯市港口岛公园（Bürgerpark Hafeninsel）、纽约斯坦顿岛 Fresh Kills 垃圾场、伦敦湿地中心（the Wetland Center）和荷兰阿姆斯特丹的 Westergasfabriek 公园。

以上各国各地区的景观改造实践，促使了传统景观设计观念的变革，极大地丰富了景观设计的表现手法。但在这些实践中也出现了一些从未有过的问题，比如尺度迷失，产业类建筑因其功能特殊往往尺度巨大，这类建筑在设计中往往不能准确把握建筑尺度与人的尺度之间的比例关系，最终造成建筑与人的尺度之间相差过大，拉大了人与建筑之间的距离。强调了对工业遗产的改造，但却忽略了尺度问题和产业建筑氛围的塑造，这是目前工业遗存景观改造中的普遍问题。

（三）节能低碳化与节约型景观

进入21世纪，“低碳”一词进入景观设计领域，“低碳景观”（Low－Carbon landscape）要求在景观材料与设备制造、施工建造和景观使用的整个过程中，尽可能地减少石化能源的使用，降低二氧化碳排放量。“低碳景观”思想在我国已经受到极大的重视，并写进国家发展规划中。要实现低碳景观，需从四个方面进行考虑：

（1）造景材料的生态环保，要求材料的生产环节、建造方法都是低碳的；

（2）科学合理的景观设计，实现低碳的消费方式。

（3）增加景观的使用率，使用景观的过程能够同时引导人们自觉进行低碳的生活和娱乐。

（4）用景观低碳的思想，来宣扬低碳的行为。

随着人们对环境的日益关注，城市景观规划设计将不再仅仅是美丽的形式，而应在低碳的生态价值观与生态美学思想引领下，走向科学的、可持续发展之路，使其形式、功能达到更高层次的统一。

低碳时代对景观设计提出了新的挑战，也赋予了景观设计新的使命。一个好的景观设计应该不仅仅满足于创意本身，更应从地域特点、人文情感、投资成本、维护费用、使用人群、土地运营等多角度思考，更多地为审美主体（人）考虑，为生态环境考虑。低碳景观是对传统景观提出的更高要求，低碳时代，低碳设计将成为今后景观设计发展的必然趋势。

目前，世界上很多国家已经开始广泛实施以低碳为目的各种环保、生态景观，尤其是生态公园，已经成为公园发展的主流，而由生态公园衍生出的生态旅游也成了旅游发展的新方向。由公园开始的低碳之路，必将渗透至各种景观领域，只有将低碳思想贯穿于景观设计选材、设计方式、设计内涵及设计效果各个环节，才能真正实现低碳景观，才能真正保护环境，实现景观的可持续发展。

（四）地域性特征与文化的表达

地域是一个宽泛的概念，景观中的地域包含地理及人文双重含义。大至面积广袤的区域，小至特定的庭院环境，由于自然及人为的原因，任何一处场所历史地形成了自身的印迹，自然环境与文化积淀具有多样性与特殊性，不同的场所之间的差异是生成景观多样性的内在因素。景观设计从既有环境中寻找设计的灵感与线索，从中抽象出景观空间构成与形式特征，从而对于特定的时间、空间、人群和文化加以表现，通过场所记忆中的片断的整合与重组，成为新景观空间的内核，以唤起人们对于场所记忆的理解，形成特定的印象。墨西哥景观师马里奥·谢赫楠（Mario Schjetnan，1945—　）的作品泰佐佐莫克公园和成熟期的霍尔米尔科生态公园体现了当地的生态与环境特征，它是全世界的，同时也是本土的。

通过景观设计保留场所历史的印迹，并作为城市的记忆，唤起造访者的共鸣，同时又能具有新时代的功能和审美价值，关键在于掌握改造和利用的强度和方式。从这个意义上讲，设计包括对原有形式的保留、修饰和创造新的形式。这种景观改造设计所要体现的是场所的记忆和文化的体验。尊重场地原有的历史文化和自然的过程和格局，并以此为本底和背景，与新的景观环境功能和结构相结合，通过拆解、重组并融入新的景观空间之中，从而延续场所的文化特征。

二、可持续化景观设计的方法

景观环境中依据设计对象的不同可以分为风景环境与建成环境两大类。前者在保护生物多样性的基础上有选择地利用自然资源，后者致力于建成环境内景观资源的整合利用与景观格局结构的优化。

风景环境由于人为扰动较少，其过程大多为纯粹的自然进程，风景环境保护区等大量原生态区域均属此类，对于此类景观环境应尽可能减少人为干预，减少人工设施，保持自然过程，不破坏自然系统的自我再生能力，无为而治更合乎可持续精神。另外，风景环境中还存在着一些人为干扰过的环境。由于使用目的的不同，此类环境均不同程度地改变了原有的自然存在状态。关于这一类风景环境，应区分对象所处区位、使用要求的不同而分别采取相应的措施，或以修复生境，恢复其原生状态为目标；或辅以人工改造，优化景观格局，使人为过程有机融入风景环境中。

在建成环境中，人为因素占据主导地位，湖泊、河流、山体等自然环境更多地以片段的形式存在于“人工设施”之中，生态廊道被城市道路、建筑物等“切断”，从而形成了一个个颇为独立的景观斑块，各个片段彼此较为孤立，缺少联系和沟通。因此，在城市环境建设中，应当充分利用自然条件，强调构筑自然斑块之间的联系。同时，对景观环境不理想的区段加以梳理和优化，以满足人们物质和精神生活的需求。

本书这里重点要讲的就是建成环境景观的可持续发展设计。

1996 年 6 月的土耳其联合国人居环境大会专门制定了人居环境议程，提出城市可持续发展的目标为：“将社会经济发展和环境保护相融合，从生态系统承载能力出发改变生产和消费方式、发展政策和生态格局，减少环境压力，促进有效的和持续的自然资源利用。为所有居民，特别是贫困和弱小群组提供健康、安全、殷实的生活环境，减少人居环境的生态痕迹，使其与自然和文化遗产相和谐，同时对国家的可持续发展目标做出贡献。”①

建成环境有别于风景环境，在这里人为因素为主导，自然要素往往屈居次席。随着经济社会的不断发展，有限的土地须承受城市迅速扩张的影响，土地承载量超负荷，工程建设造成环境污染导致城市河流、绿带等自然流通网络受阻，迫使城市中的自然状态的土地必须改变形态。同时，大面积的自然山体、河流开发促使自然绿地消失以及人工设施的无限扩展，即便是增加人工绿地也无法弥补自然绿地的消减损失。自然因子以斑块的形式散落在城市之中，形成孤立的生境岛，缺乏联系，物质流、能量流无法在斑块之间流动和交换，导致斑块的生境结构单一，生态系统颇为脆弱。

可持续景观设计理念要求景观设计师对环境资源理性分析和运用，营造出符合长远效

---

① 聂梅生．中国生态住宅技术评估手册：2003 版［M］．北京：中国建筑工业出版社，2003：98.

益的景观环境。针对建成环境的生态特征，可以通过整合化设计、典型生境的恢复、景观设计的生态化三种方法来应对不同的环境问题。

（一）整合化设计

建成环境的整合化生态规划设计反映了人类的一个新的梦想，它伴随着工业化的进程和后工业时代的到来而日益清晰。从社会主义运动先驱欧文（Robert Owen，1771—1858年）的新和谐工业村，到霍华德的田园城市再到20世纪七八十年代兴起的生态城市以及可持续城市。这个梦想就是自然与人工、美的形式与生态功能真正全面的融合，它要让景观环境不再是孤立的城市中的特定用地，而是让其消融，进入千家万户；它要让自然参与设计，让自然过程进入每一个人的日常生活；让人们重新感知、体验和关怀自然过程和自然的设计。应注重城市绿地系统化、整体化，绿地的布局、规模应重视对城市景观结构脆弱和薄弱环节的弥补，考虑功能区、人口密度、绿地服务半径、生态环境状况和防灾等需求进行布局，按需建绿，将人工要素和自然要素有机编织成绿色生态网络。

整合化设计的目的在于统筹环境资源，恢复城市景观格局的整体性和连贯性。

整合化的景观规划设计强调维持与恢复景观生态过程与格局的连续性和完整性，即维护、建立城市中残存的自然斑块之间的空间联系。通过人工廊道的建立，在各个孤立斑块之间建立起沟通纽带，从而形成较为完善的城市生态结构。建立景观廊道线状联系，可以将孤立的生境斑块连接起来，提供物种、群落和生态过程的连续性。建立由郊区深入市中心的楔形绿色廊道，把分散的绿色斑块连接起来。连接度越大，生态系统越平衡。生态廊道的建立还起到了通风引道的作用，将城郊绿地系统形成的新鲜空气输入城市，改善市区环境质量，特别是与盛行风向平行的廊道，其作用更加突出。以水系廊道为例，水环境除了作为文化与休闲娱乐载体外，更重要的是它作为景观生态廊道，将环境中的各个绿色斑块联系起来。滨水地带是物种较为丰富的地带，也是多种动物的迁移通道。水系廊道的规划设计首先应设立一定的保护范围来连接水际生态；其次，贯通各支水系，使以水流为主体的自然能量流、生态流能够畅通连续，从而在景观结构上形成以水系为主体骨架的绿色廊道网络。

作为整合化的设计策略，从更高层面上来讲，是对城市资源环境的统筹协调，它涵盖了构筑物、园林等为主的人工景观和各类自然生态景观构成的城市自然生态系统。设计的重点在于处理城市公园、城市广场的景观设计以及其他类型绿地设计，融生态环境、城市文化、历史传统与现代理念及现代生活要求于一体，能够提高生态效益、景观效应和共享性。而各类自然生态景观的设计重点在于完善生态基础设施，提高生态效能，构筑安全的生态格局。

此外，整合化的设计策略要求我们在进行城市景观规划的过程中，不能就城市论城市，应避免不当的土地使用，有规律地保护自然生态系统，尽量避免产生冲击。我们应当在区域范围内进行景观规划，把城市融入更大面积的郊野基质中，使城市景观规划具有更好的连续性和整体性。同时，充分结合边缘区的自然景观特色，营造具有地方特色的城市景观，建立系统的城市景观体系。

建成环境的整合化设计策略须做到以下两点：一方面，维护城市中的自然生境、绿色斑块，使之成为自然水生、湿生以及旱生生物的栖息地，使垂直的和水平的生态过程得以延续；另一方面，敞开空间环境，使人们充分体验自然过程。因此，在对以人工生态主体的景观斑块单元性质的城市公园设计的过程中，以多元化、多样性，追求景观环境的整体效应，追求植物物种多样性，并根据环境条件之不同处理为廊道或斑块，与周围绿地有机融合。

向可持续城市景观，须建立全局意识，从观念到行动面对当前严峻的生态环境状况以及景观规划设计中普遍存在的局部化、片面化倾向，走向可持续景观已经成为人类改善自身生存环境的必然选择。在设计取向上，不再把可持续景观设计仅仅视为可供选择的设计方式之一，而应使整合化设计成为统领全局的主导理念，作为设计必须遵循的根本原则；在评价取向上，应转变单纯以美学原则作为景观设计的评判标准，使可持续景观价值观成为最基本的评价准则。同时，可持续景观须尊重周围生态环境，它所展现的最质朴、原生态的独特形态与人们固有的审美价值在本质上是一致的。

（二）典型生境的恢复

所谓物种的生境，是指生物的个体、种群或群落生活地域的环境，包括必需的生存条件和其他对生物起作用的生态因素，也就是指生物存在的变化系列与变化方式。生境代表着物种的分布区，如地理的分布区、高度、深度等。不同的生境意味着生物可以栖息的场所的自然空间的质的区别。生境是具有相同的地形或地理区位的单位空间。

现代城市是脆弱的人工生态系统，它在生态过程上是耗竭性的；城市生态系统是不完全的和开放式的，它需要其他生态系统的支持。随着人工设施不断增加，环境恶化，不可再生资源的迅猛减少，加剧了人与自然关系的对立，景观设计作为缓解环境压力的有效途径，注重对于生态目标的追求，合理的城市景观环境规划设计应与可持续理念相辅相成。

典型生境的恢复是针对建成环境中的地带性生境破损而进行修复的过程。生境的恢复包括土壤环境、水环境等基础因子的恢复，以及由此带来的地域性植被、动物等生物的恢复。景观环境的规划设计应当充分了解基地环境，典型生境的恢复应从场地所处的气候带特征入手。一个适合场地的景观环境规划设计，必须先考虑当地整体环境所给予的启示，因地制宜地结合当地生物气候、地形地貌等条件进行规划设计，充分使用地方材料和植物材料，尽可能保护和利用地方性物种，保证场地和谐的环境特征与生物多样性。

（三）利用、发掘自然的潜力

可持续景观建设必须充分利用自然生态基础。所谓充分利用，一是保护，二是提升。充分利用的基础首先在于保护。原生态的环境是任何人工生态都不可比拟的，必须采取有效措施，最大限度地保护自然生态环境。提升是在保护基础上的提高和完善，通过工程技术措施维持和提高其生态效益以及共享性。充分利用自然生态基础建设生态城市，是生态学原理在城市建设中的具体实践。从实践经验看，只有充分利用自然生态基础，才能建成真正意义上的生态城市。

不论是建设新城还是旧城改造，城市环境中的自然因素是最具地方性的，也是城市特色所在。全球文化趋同与地域性特征的缺失，使得“千园一面”的现象较为突出。如何发掘地域特色，解读地景，有效利用场地特质，成为城市景观环境建设的关键点。

可持续城市景观环境设计首先应做好自然的文章，发掘资源的潜力。自然生境是城市中的镶嵌斑块，是城市绿地系统的重要组成部分。但是由于人工设施的建设造成，斑块之间联系甚少，自然斑块的“集聚效应”未能发挥应有的作用。能否有效权衡生态与城市发展的关系是可持续城市景观环境建设的关键所在。

生态观念强调利用环境绝不是单纯地保护，如同对待文物一般，而是要积极地、妥当地开发并加以利用。从宏观层面来讲，沟通各个散落在城市中和城市边缘的自然斑块，通过绿廊规划以线串面，使城市处于绿色“基质”之上；从微观层面来讲，保持自然环境原有的多样性，包括地形、地貌、动植物资源，使之向有助于健全城市生态环境系统的方向发展。

第七章　不同类型的景观空间设计与案例分析

第一节　广场空间设计与案例分析

所谓广场，指的是在无覆盖物、由围合物形成的空间场所或场地。在吕志强、李德华的《城市规划原理》（第四版）一书中提到：广场是由于城市功能上的要求而设置的，是供人们活动的空间。在城市生活中，城市居民的社会活动大多是在城市广场进行，一些组织集会、游览休息或商业贸易交流等居民活动都会在 广场举行。

《街道的美学》是日本著名建筑师芦原义信的著作，在书中提到：广场是城市中由各类建筑围成的城市空间。因此广场应该具备以下四个条件：

第一，广场要有清晰的边界线，使之成为“图形”。边界线的构架不应该是单纯为遮挡视线而形成的围墙，最好是建筑物的外墙。

第二，广场要有“阴角”，这个“阴角”具有良好的封闭空间，以便构成图形。

第三，广场在铺装方面，要延伸到广场的边界，使得广场有一个明确的空间领域，以便构成图形。

第四，广场周围的建筑物在选择上也应该具备某种统一与协调，在宽（D）和高（H）的比例选择上要有一个良好的把控。

一、广场空间的构成与设计

广场空间的构成主要包括广场地面（地载）、四周的围合界面、中心设立（建筑艺术小品等）和广场绿化等。

城市广场空间的设计应明确广场的规模、现状和定位，在满足功能要求的基础上设计出环境宜人、特色鲜明的城市广场。

（一）广场地面设计

广场地面的图案与色泽、材质与肌理、形态抑扬的上升与下沉等是其设计重点。在此类空间中，由于地面尺度远远超过人体尺度的几百倍，乃至几千倍，这就要求设计师需做细部处理以协调二者之间的尺度关系。

通过地面铺设材质感的变化引导人们快行或慢行；将尺度较大的空间地面划分为不同的块面形式，可给游人带来亲近感；建筑艺术小品所构成的形态与阴影，又可形成人体尺度；通过进行竖向标高的变化可丰富空间层次。抑扬构成的下沉式空间和平台空间，及斜坡地面的处理，均可调整游人的视觉感受和心理状态。

（二）广场四周的围合界面设计

围合界面的整体形式与比例、墙体水平线角与材质等，均为相互影响与制约的构形整体。若墙体廊或排列整齐的立柱作空间分隔与渗透；利用拱券或券门可联系四周围合界面，吸纳处于远距离的景观要素，达到其取景框的借景功效。

围合界面的立面处理，通常可采用两种尺度并置的设计方法，一种是大尺度手法，这种手法有利于远距离观赏；另一种是小尺度手法，这种手法有利于近距离观赏。二者的有机结合即可获得从整体到局部的既生动又丰富的空间效果。

（三）广场艺术小品设计

在广场中，为了丰富广场的空间层次，进一步完善广场的空间功能，许多广场一般都会设有喷泉、花坛、立体雕塑、长椅、卫生箱以及信息栏等。这些艺术小品的设计都与居民的活动需要相吻合，从而使广场的功能更丰富，空间层次更深。

（四）广场空间的绿化

在广场的景观形象中，广场绿化是其重要组成部分，主要包括草坪、树木、花坛等内容，常通过不同的配置方法和裁剪整形手段，营造出不同的环境氛围。广场绿化设计有以下几个要点：

（1）要保证不少于广场面积20%比例的绿地，来为人们遮阴和丰富景观的色彩层次。但要注意的是，大多数广场的基本目的是为人们提供一个开放性的社交空间，那么就要有足够的铺装硬地供人活动，因此绿地的面积也不能过大，特别是在很多草坪不能上人的情况下就更应该注意。

（2）不同的广场，它的功能以及性质是不同的，所以在不同的广场绿化，要根据具体的情况进行综合设计，如一些娱乐性的广场，应侧重于打造舒适的休息区和点缀城市色彩的区域，多考虑花坛、花钵等形式为主；集会性较强的广场，则在绿化的面积上相对减少，并留出大面积的空白场地，以便集会时使用。

（3）选择的植物种类应符合和反映当地特点，同时也方便对其养护和管理。

（五）广场照明

在广场的照明方面，照明灯在美化广场夜景的同时，还应该确保交通以及行人的安全。照明灯的风格要与广场的风格相协调，在数量的选择上应该与广场的规模相适应，同时应该注重节能。

（六）广场空间的几何构形

德国学者罗伯·克里尔（Rob Krier，1938—　）（将广场空间分为三种基本形态，即矩形（或方形）、圆形（或椭圆形）、三角形（或梯形），并将被建筑四周全部围合的空间称为“封闭式广场”，被建筑部分围合的空间称为“开放式广场”，其二者最大的区别就在于围合界面开口的多少。

通常，广场构形比室内空间具有更大的自由度。城市空间中的围合界面因其距离差别较大，建筑立面檐口与线脚的时隐时现，致使人们难以感受到空间的具体形状与细部差别。在现实中，对于较为庄严的场所，则要求按照平面形态的直角关系组织周围建筑，形成严格的矩形空间，如北京天安门广场的空间构形。古典城市广场空间常以精美的建筑型制围合构成。芦原义信先生认为，四角封闭的广场可构成阴角空间，能形成安静的空间氛围并创造“积极的空间”。

道路与广场的交点构成了广场空间的开口，广场开口的位置与处理手法直接关系到广场空间氛围的创造。

1. 矩形广场与中央开口

封闭式矩形广场空间，通常在其构形的中心线上开口，这就要求必须对周围建筑的体型与尺度、色彩与材质等进行限制性设立，做到形式的协调统一。常在轴线的中心点设置雕塑或其他主题性大体量小品（如纪念碑）作为道路的对景和广场空间的视觉中心。这类空间被称为向心型构成。

有些广场的开口少于三个，并且有一条是以某一建筑作为底景，另一条则是从广场穿过，所以主体建筑应该建立在其中一条道路的底景部，从而构成广场中心或雕塑小品的背景。在铺装广场地面时，要注意动区与静区的差别。这类空间则被称为轴线对称型构成。

2. 矩形广场与两侧开口

现代城市空间的道路格网极易构成矩形街区和四角敞开的广场。道路破坏了广场空间的围合感，使广场的缺口和周围界面间相互隔离。为了避免这一缺陷，可将道路调整为两条相互平行的道路，并且要突出与道路平行的建筑。这样就形成较小的内角空间，从而加强广场空间的封闭感。还可通过相互对应的开口调整为折线布局的形式，获得相对封闭的效果。若行人由街道开口步入广场空间，便形成了以建筑界面为流线对景的格局，从而调整了空间视感。

3. 隐蔽性开口与渗透性界面

若以鸟瞰的角度审视，此类广场和道路的交汇点处理为隐蔽性开口，或置于拱廊之下，或掩蔽于拱廊立面，只有当人们行于其间地亲自体验才能感到设计的巧妙。

通常，人们并不喜欢与周边环境完全隔绝的相对安静的广场空间，而多注重其相互渗透所产生的热闹与繁华。为达其目的，可通过设置拱廊与柱廊的手法获得既能使围合界面保持连续，又能确保空间通透的效果。济南泉城广场东首文化长廊的设计即为此类。

4. 广场形态与三维透视

前面提过罗伯·克里尔曾将广场空间的构形概括为方（矩）、圆、三角三种基本形态，并可由此进行演绎。其方法为：转变角度、截取片断、增殖、组合、叠置、变异等。若将方形广场的一边或多边转角处理，则可获得多向丰富的三维透视效果，增加了建筑侧立面的立体观感。

5. 广场空间的竖向组织

在广场地载构成中，局部底界面的竖向变化可增加空间的层次感。当基面高出地面以上时，会沿其边缘形成垂直立面，进而产生视觉分离感；若一定范围的基面下沉至地平面以下，其下沉边缘的垂直面也可起到分离与限定的作用。

在建筑造型设计上，常使用截取、积聚、组合、叠加、增减等方法以获得新的形态。在广场的空间组织中也经常运用这些手法，如加减法的构形原理是常用形式：加法构筑空间是将设计的重点放在内部秩序，离心式的建造环境，用某些材料进行堆砌雕塑形态；减法构筑空间将设计重点放在外部秩序，向心式地建造环境，是雕刻而成的雕塑形态。广场空间中的高台式构成，就是用了加法的造型，有的广场将平地下挖形成的下沉式广场是用了减法的造型。

利用加减法在竖向空间的标高上寻求变化是创造外部空间形式美的手法之一。在平地上使用的各种复杂的分离如铺装、绿化、墙体等并不能改变平面的单调，所以如果在竖向的标高上进行变化就会产生新奇的效果。高台广场空间是通过抬高地面的加法构成而获得的具有神圣与崇高感的空间，在纪念性、宗教性与宫廷建筑空间中被广泛应用。北京天安门广场空间中的人民英雄纪念碑层层叠加的基台空间、北京天坛公园的祈年殿基台空间、北京故宫大殿的基台空间、北京十三陵与南京中山陵循山而上的基台空间等均属此类。

下沉式广场空间是通过下挖降低广场地面的减法构成而获得的具有活泼、轻松、亲近感的空间。其入口可设置多处，既可处理为坡道、踏步，也可处理为旋转楼梯。其四周可以堡坎分界，也可以山石和水景装饰，有的则采用坡地绿化草坪式分界。下沉式广场既可以一次下沉，也可利用退台做多次下沉，加之水景桥梁等其他小品与设施，极易取得生动灵活的效果，如北京西单文化广场即属此类。

二、广场空间设计案例分析

意大利锡耶纳的坎坡广场是闻名世界的广场，它不仅具有自身独特的空间形态，而且与城市道路形成了巧妙的空间关系。

11 世纪中期，锡耶纳开始形成独立的政治实体，在 13 世纪末达到城市繁荣的顶峰。这个城市原本由三个自然发展而形成的聚落集合而成：位于西南的带有大教堂的特尔希（Terzi di Citta）、北面朝向佛罗伦萨的卡莫利亚（di Kamollia）以及东南角的圣马提诺（di San Martino）。这三个区域各自有着通向城外的城门，与之相连的三条主要道路在城市中心相会，在这三条道路两侧聚集了城里几乎所有重要的家族。为了达到一种政治上的平衡，最后选择了在三个聚落相汇的、原本无人的中心地带建立市政厅（Palazzo Pubblico），从而构成统一后的锡耶纳的城市中心。对于一个中世纪的城市来讲，统一后的锡耶纳的城市建设是在一种少有的、严格的建筑法规指导下进行的。也正是因为当时法规比较严格，所以在对坎坡广场周边建筑物的空间定位、材料的选择、色彩的搭配、形式的规范等方面都进行严格控制，才使它获得了如此规整的空间形态，一直为世人所赞赏（图 7-1、图 7-2）。

贝壳形的坎坡广场长 133m、宽 91m（均为中间值），面积约 1. 21ha。直到今天它还承载着城市的各种重要节日活动，城市主要道路与它并不直接相连，被非常巧妙地设置在外围，呈现出一个半包围的状态。广场的转弯道路的走向与广场西边的边界基本是平行的，其间穿插的 11 条狭窄的小巷以建筑物相隔，这些通道有许多是通过过街楼的形式构成，这使得广场与城市结构密切关联，同时也保证了广场空间的完整性。广场东南边界上始建于城市鼎盛时期（1297 年）的市政厅是整个广场空间乃至整个锡耶纳城的控制物和标志。在当时市会议想建一座高塔，高塔要超越贵族的宫殿，甚至要超越教堂，于是，这座大钟塔高 102m，并以一个敲钟人的名字定名为马尼亚塔（Torre del Mangia），反映出共和时代

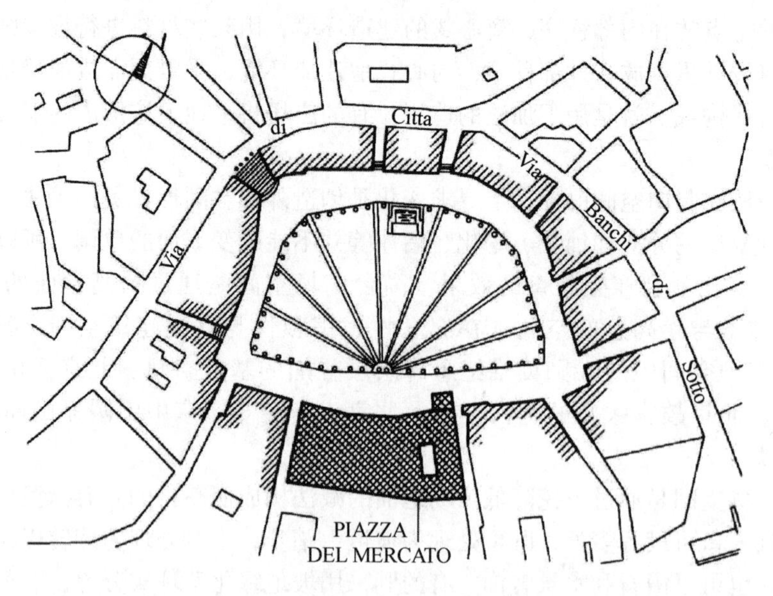

图 7-1 锡耶纳的坎坡广场平面图

图 7-2 锡耶纳的坎坡广场鸟瞰图

的民主精神。此外，除北边的一个小塔楼，广场周边的建筑物在高度上基本是一致的，从而衬托出市政厅的宏伟。为了加强广场空间的整体性，广场周边的建筑物在基面上还运用了相同的材质、色彩和比例。

在中世纪城市的空间设计中，主要以几何关系来达到平衡。在广场的西南设置放射中心，地面则以放射状的图文进行装饰，在东北面突起的水池与边界的中心基本是对应的，从而在无形中建立起一条空间轴线。因为广场是建立在山坡上，地形有高低的变化，所以广场有明显的高差，在地形上再次强化了空间轴线，呈现出西南低、东北高的特点。不过这条空间轴线与市政厅塔楼的错位关系使广场空间的对称性减弱，看似不严密，但总体是均衡的。

第二节　街道空间设计与案例分析

街道的组织呈现出城市结构域。街道是城市的骨架，人们在许多日常的活动中都离不开街道，如人们上班、孩子上学、走亲访友、超市购物等都离不开街道，许多活动的开展也必须通过街道来实现，并且人们通过街道来认识城市。伯纳德·鲁道夫斯基（Bernad Rudofsky，1905—1988年）在《人的街道》一书中指出："街道是母体，是城市的房间，是丰沃的土壤，也是培育的温床。其生存能力就像人依靠人性一样，依靠于周围的建筑。完整的街道是协调的空间。无论是非洲的卡斯巴（Kasbah）那样密室似的住房，还是威尼斯的纤细大理石宫殿，他们所构成的街道都主要靠周围建筑的连续性和韵律。街道正是由于沿着它有建筑才称其为街道，摩天楼加空地不可能是城市。"①

一、街道空间的组成元素

街道空间的组成元素主要有天空、街道周边的建筑、街道的植物（行道树）、街具和路面。这些组成元素共同构成了街道的景观，形成独特的效果。

（一）沿街建筑物

沿街的建筑物构成了街景的空间的内界面，沿街的建筑物是街坊的外界面。街景两侧建筑物的风格、尺度、建筑用材以及色彩基本是一致的，并且建筑物之间保持一定的连续性是比较成功的街景。在街道的空间设置上，最好设置200m至300m间距的节点空间。在实际的生活中，节点空间一般包括入口、广场、局部放大或变化的空间、楼牌以及拱门等。

街道的宽度与建筑物的高度之间的比例也存在联系，窄的街道容易给人一种空间的围合感，但却可以营造购物气氛；宽的街道空间比较开阔，不适合营造购物气氛。

（二）街道路面

街道路面起着分隔或联系建筑群的作用，同时，也起着烘托街道空间气氛的作用。古往今来的街道有很多不同的形式，在材料的选择上也做过很多尝试：用鹅卵石铺砌的卵石路、用石板铺的石板路以及利用砖瓦形成的砖瓦路等，虽然材料的质感、肌理以及无化学性质存在差异，但却使得街道路面的形式丰富多彩。

（三）行道树

行道树是街道空间设计的重要元素。街道的沿街建筑通常是在不同的条件下建筑的，有的是根据投资者的喜好或行业需要建造出来的，沿街建筑间的外形尺度以及风格等都存在差异。为了使街景的风格在视觉上统一，就用排列连续、绿叶葱葱的行道树来达到视觉

---

① ［日］芦原义信．尹培桐译．街道的美学［M］．武汉：华中理工大学出版社，1989：31.

上统一的效果。如南京的林荫道、巴黎的香榭丽舍林荫大道等都是很好的例子。

（四）街具及其他设施

街道家具主要包括：候车亭、座椅、电话亭、售货亭、广告牌、废物箱等；街道上的艺术品主要包括：雕塑、绘画作品、小品等；此外还包括：路灯、景观灯等，沿街建筑的橱窗、广告牌等也是需要重点考虑的设施。

二、街道空间的设计要点

街道空间的布局涉及城市规划、交通规划、城市设计等诸多学科，从设计上来说，街道的空间布局应该满足以下几方面的需要。

（一）街道交通设计

街道的出现是因为从一地到另一地的联系需要，同时也具有土地分隔的需要。首先应该保证人、车的正常通行。在设计中应注意以下几点：

（1）正确处理人、车交通的关系。使汽车在街道的行驶中既方便有不会对行人造成影响；同时还应该防止大量的过境车辆的穿越。

（2）正确处理步行道与车行道、绿带与停车带、街道交接点、人行横道等之间的关系，将设计的内容考虑得更全面。

（3）可以考虑在现代的城市建设中设置二层甚至多层街道系统。

（4）在街道的设计上，除了要考虑设计的美观外，还应该将适用人群充分地考虑在内，综合考虑人们走路习惯，减少街道的曲折迂回。

（5）在不用的地段，街道的人流量车流量不同，在街道的设计上也要灵活对待，综合分析人流与车流的具体情况，对街道做出适当的宽窄调整。

（二）步行系统设计

街道和道路在没有汽车的年代里是人的空间，人们可以在街道和道路上做很多事情并不受干扰，嬉戏打闹、聊天、闲逛的场景是普遍的形式。等到马车的出现，以及后来汽车的出现，人们原先在道路上的自由就受到限制，人和车都在路上，人们不得不冒着生命危险外出，忍受嘈杂的噪声和汽车尾气引起的污染，再也享受不到“逛街”的乐趣，因此，如今步行优先的原则又重新被提出。

在城镇的中心区和商业、游览观光的重要地段，要充分发挥土地的综合利用价值，创造供人们交流的场所，鼓励人们步行，从而建立具有吸引力的步行道连接系统。步行道连接系统是发达国家在城市中心区复兴和旧城改造中取得成功的重要经验之一。概括起来，步行系统有以下优势：

（1）在社会效益方面，它为人们提供了娱乐场所，为步行的人提供了场地，是人们休憩娱乐的好去处，同时它增进了人与人的交流，有利于居民情感的维护，使居民更具有关心城市的自觉性。

（2）在经济效益方面，步行系统促进了社区经济的繁荣。

（3）在环境效益方面，步行系统能够减少对空气的污染，减少汽车噪声，减少汽油的消耗以及减少对视觉造成的污染。

(4) 在交通方面，步行道减少了车辆的使用，很多人选择步行道出行，既保证了安全，又减轻了汽车对环境造成的压力。

在具体设计中，最常见的就是修建步行街，建造人形天桥。美国有200多个城市的市中心将主要的街道改造成了步行街，在人行与车行的交界处则利用天桥来解决。在加拿大卡尔加里、美国明尼阿波利斯、中国香港等城市，行人通过楼层系统进入其他商业办公区，不必再穿过地下马路。其次，可以加宽人行道，适当地对高层建筑或大型公共建筑进行整改，以留出更多的广场或绿地。这样不仅可以更好地控制人流，还可以使空间的层次感更强。在部分地方设立休息座椅、人行护栏等都有助于为行人提供方便。

(三) 街道景观设计

为了形成良好的街道景观，必须提倡变化而统一的原则。沿街建筑物具有一定的相似性使得街道形成了一个连续性的整体。如沿街建筑物的高度、楼层数、建筑材料、风格等都基本相似，然而由于街道两侧建筑物分属不同的业主，建成的年代不同，设计师的喜好也有差异，因此在实际工程中要达到上述要求是很不容易的，往往只有通过相同的行道树、相同的人行道铺地、比较类似的广告牌和在人行道上加设一些拱廊等方式来形成街道的连续感。

与此同时，如果过分统一而缺少变化的话，也会使街道空间乏味无趣。为此，可以每隔一定距离设置空间节点，插入一些广场和开敞空间；建筑物的轮廓线也应该有些起伏变化，形成一定的韵律；街道的平面可以有些曲折以形成一定的视线变化等。

总之，既变化又统一是形成良好的街道景观的重要原则，需要设计师在实际中灵活运用，使街道空间成为展示城市的舞台。

三、街道空间设计案例分析

自中华人民共和国成立以来，王府井商业街一直是首都第一商业街，驰名海内外，但由于缺乏城市设计的指导，导致传统商业街面临消失的危险。1998年，相关部门开始强化营造步行商业街的理念，对其进行整治改造，经过几次的整治改造，使之重新焕发了生机(图7-3)。

(一) 王府井商业街整治的构思

王府井商业街的规划设计过程中坚持了统一、人本、文化、简洁四大原则，体现了综合性和系统性，在设计方案上，对北京的传统商店进行整治与保留，将王府井原有的肌理进行延续，把国外步行商业街的理念应用到开发中来。

(1) 分时步行街。将王府井商业街定义为步行街是从城市中心复兴的意义出发，为王府井地区，乃至整个北京市带来生机与活力，开辟一块宜人空间。由于王府井大街的辅路和支路系统形成，解决了周边地区的交通，形成在白天禁止车行的步行街，而夜晚公交车可以通行。

(2) 重要节点设计。如图7-4所示，810m长的商业街共设计了四个重要节点，使整个街道空间有重点、有主从、有收放，这四个节点分别是：商业街北入口、百货大楼前广场、好友世界商场小广场、商业街南入口。南北两个入口，为了强调入口的标志性，在这个节点运用牌匾、雕塑设置局部环境；在百货大楼前广场进行的改造是整体铺装，使原张秉贵雕像形成主广场，同时对好友世界商场广场做一些情趣化处理，从而形成了一个气氛轻松的小休息广场（图 7-5）。

图 7-3　王府井街景

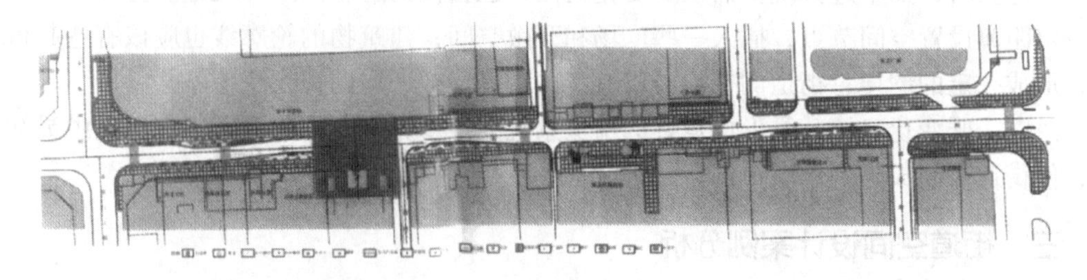

图 7-4　王府井商业街平面图

图 7-5　百货大楼前广场

（3）沿街建筑整治。由于王府井商业街两侧的建筑建成年代不一，在风格以及建筑的主题上有很大的差异，在建筑的外观以及用材上也有很多不同的地方，因此在改造时有很大的难度，使形体环境处在多重的矛盾中，新与旧、洋与中、高与矮、美与丑交织在一起。但从王府井的发展来看，它是一种渐进的变化，这次所做的整治规划实际上是一种秩序的重组和整合，以空间的个个层面来分析（诸如建筑立面、街道设施立面、景观设施立面、行人活动），表现为一种秩序的拼贴。而规划中对店面装修的一些要求（如统一檐口高度、底层通透等）则是拼贴所遵循的秩序。具有历史标志性的建筑物如北京饭店、百货大楼、东来顺饭庄、穆斯林大厦等应予以重点保护，这些标志性的建筑物有深厚的历史背景，使整条商业街在长期的发展中保持其历史延续性。

（4）夜景照明设计。王府井的夜景是非常迷人的，在设计上，以橱窗照明为主导，很少使用霓虹灯，较多地使用射灯、不同样式的广告灯箱、橱窗照明、较多色彩的广场灯、大范围的地灯、路灯等照度关系大小搭配的夜间照明体系，从而使主次兼顾，亮度层次分布，无眩光和光污染，并具有良好的视觉诱导性，形成格调高雅变幻丰富的夜景形象。

（5）环境艺术小品。通过竞赛招标设计王府井商业街特有的主题符号图案，作为街标，可在街道的局部（如门牌号、花饰、地面铺装和电话亭等）反复出现，通过南口牌匾（图7-6）、北口井盖（图7-7）的浮雕设计，体现王府井的历史与文化，并起到标志性作用。通过新东安门口一组写实雕塑，进一步拉近行人与街道、老北京与金街的关系（图7-8）。

图7-6　王府井大街牌楼上的标志

图7-7　井盖

图7-8　民俗雕塑

（6）广告及橱窗设计。规划中需要清理沿街广告，重新安置、取消大型建筑屋顶上的广告，设计广告的位置：控制尺寸，提倡灯箱广告，在保证商业气氛的情况下，追求典雅大方的效果。商业街店面橱窗玻璃窗陈设设计应充分反映商业经营的内容，要突出主题、强化个性、富于特色。

（二）王府井商业街整治设计的特点

王府井商业街整治城市设计在规划技术上，以现代城市规划理念为指导，可以概括为把握空间尺度、强化场所精神、营造独特环境。本次整治工作在空间尺度上具有弱化大体量建筑带来的不利影响，强化原有建筑及空间形态，延续历史文脉的作用。在历史文化特征的把握上，有效地挖掘历史形成的特点，以南入口处的牌匾、新东安市场附近的写实雕像及施工中发现的井等展示出王府井商业街厚实的历史文化底蕴，用具象的环境要素表达商业街特有的深层次的特征，强化了场所精神。王府井商业街以现代而典雅的环境特征去适应大尺度的空间，与首都国际化、大都市的形象与地位相称，而街道两侧的建筑及街道内的各类小品设施既高雅又不乏市井民俗，营造出王府井商业街独特的环境氛围。

（三）王府井商业街整治设计的不足

（1）休憩空间不够，街道的节点设计不到位。百货大楼前广场和好友世界广场，这两个广场采用了相同的设计手法，就是利用特色的铺地形成旱喷泉，喷泉规模很大，平时不开放，为了防止大量人流造成破坏，用栏杆将其围住，这样不仅没有起到景观的作用，而且也丧失了节点的作用，导致的结果是人们步行一段距离后找不到可以落脚的地方，因此在好友世界广场的花池边上常常坐满了人。步行街没有充分利用节点设计形成特色景观，增加步行街的魅力，是设计的失误。

（2）街道绿化单调。整个步行街基本没有面状绿化和带状绿化，同时绿化没有考虑常绿和落叶植物的搭配，没有考虑冬季绿化景观，在街道两边隔很远有一棵小树，在好友世界广场前有面积很小的花坛，但在冬季，几乎看不到任何绿色，为弥补不足，只好用假花来装点不足．使街道看起来缺乏生机。

第三节　庭院空间设计与案例分析

随着现代建筑的发展，尤其是在第二次世界大战以后，建筑师把庭院空间作为建筑的一个重要的有机组成部分进行设计构思，已成为建筑创作中的一种倾向。20 世纪 50 年代，美国的著名建筑师山琦实（Minoru Yamasaki，1912—1986 年）和斯东（Edward Dwell Ston，1902—1978 年），就是以其作品中特有的庭院空间称著于世。近年来，由于环境建筑学的发展，不少建筑师刻意追求建筑环境的完美，不少建筑物由于巧妙地运用了庭院空间的设计构思，而取得了动人的艺术效果，宜人的建筑环境和独特的建筑表现力，使庭院空间的形态更加多样了。

我国建筑界从 20 世纪 50 年代开始就注意到在现代建筑中运用庭院空间设计构思的重

要性，如在那个时期设计建造的北京儿童医院、北京木材综合利用展览室、韶山毛主席纪念陈列馆、上海鲁迅纪念馆和同济大学教工俱乐部等建筑，这些建筑的设计构思吸取了我国风景园林建筑的传统庭院空间处理手法，创造了具有民族特色的建筑空间和建筑环境。20 世纪 60—70 年代之间，广州市建筑设计院在研究我国传统园林建筑的基础上，在探索现代建筑设计中如何运用我国传统园林建筑手法上取得了出色的成果，相继设计建造了广州友谊剧院、矿泉客舍、白云山庄、东方宾馆、白云宾馆等著名建筑，在这些建筑的设计构思中，把庭院空间的构成和整个建筑空间序列的展开统一起来，对庭院空间处理、组景、置景都做了精心的设计，颇具一番匠心，表现了我国建筑庭院空间的巨大魅力。这些建筑的成就，对我国现代建筑创作的设计构思，有很好的启发作用。近年来，庭院空间的设计构思已为广大建筑师所重视，在一些公共建筑设计中广为运用，并有了新的发展。

一、庭院空间的构思与处理

作为一种过渡空间，庭院空间设计有其自身的特点，在设计中一般要注意以下几点。

（一）整体构思，注重内外呼应

庭院设计首先应该强调与周围环境的整体构思、同步设计和内外呼应，以使周围环境与庭院空间成为一个完整的整体。图 7-9 为赖特设计的日本东京帝国大饭店。设计师把建筑和庭院空间作为一个整体统一考虑，以传统的三合院庭院空间作为整个建筑的前导空间，建筑的主体围绕着中庭布局。庭院中以水池为主景，使比较严谨的布局获得了生气和变化，庭院中的景物、小品均与建筑主体的细部手法相呼应，使建筑与庭院空间浑然一体。

图 7-10 是贝聿铭先生设计的北京香山饭店。贝先生在设计中吸取了中国传统建筑的精髓，把庭院空间与建筑布局揉为一体，在总体上以流华池为中心，客房结合地形，依山就势围合了 11 个大大小小的院落，创造了既有民族特色又有时代感的庭院空间。

（二）注重空间变化

在庭院本身的处理上，应该注意其空间变化，如：庭院空间的形态和比例、空间的光影变化、空间的划分、空间的转折和隐现、空间的闭合和通透、室内外空间的交融和延伸等。这些空间处理的目的是使庭院空间的形态更加动人，使空间增添层次感和丰富感，使室内外空间增添融合的气氛。在这方面，我国传统园林中的优秀手法，如空间的先藏后露、空间的曲折变换、空间的相互穿插贯通等都可在当代室内外空间设计中被恰当运用，收到很好的效果。如广州东方宾馆的庭院，把建筑的一侧做成支柱层，全部透空，并做了园林手法的建筑处理，使得由高层建筑围合的规则空间顿时显得活跃起来。

当然，除了空间变化之外，庭院空间的侧界面也应予以注意。侧界面设计应注意宜简不宜繁、宜纯不宜杂，在小空间的庭院中更是如此。底界面的处理也很重要，除要发挥其

图 7-9　日本东京帝国大饭店手绘图

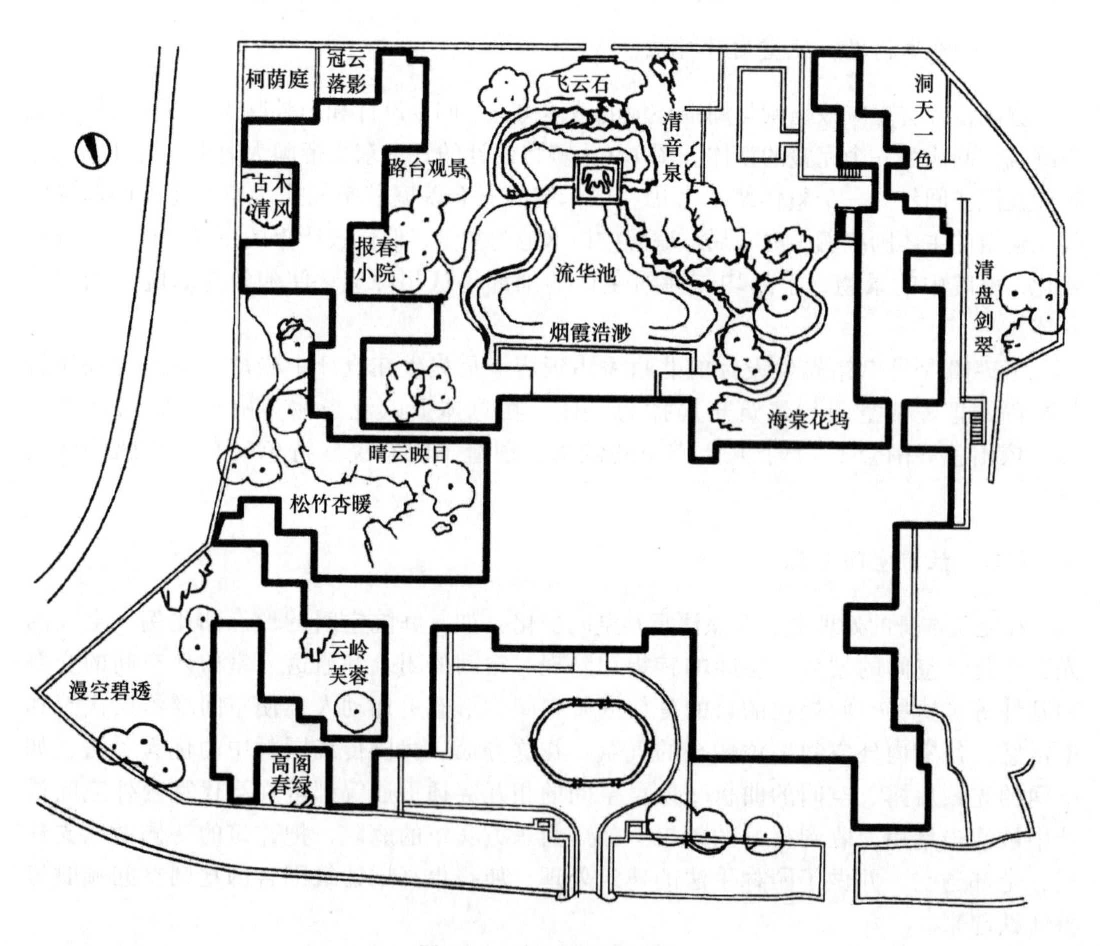

图 7-10　香山饭店平面图

应有的功能外，还要注意增添丰富的空间意境。图 7-11 所示为日本东京都千代田区第一劝业银行高层南侧下沉式步行庭院，其通过铺底、构架、侧界面、小品、绿化、水池，共同构成极具艺术性的庭院空间。

图 7-11　日本东京都千代田区第一劝业银行高层南侧步行庭院

（三）注重庭院植物配置

对于许多庭院来说，植物就是庭院、庭院必须有植物，庭院是种植的艺术，植物给庭院带来色彩、情趣和活力。特别是一些小庭院，植物的配置决定设计的成败。一般来讲，庭院里的植物种类不要太多，应以一两种植物作为主景植物，再选种一两种植物作为搭配。植物的选择要与整体庭院风格相配，植物的层次要清楚、形式简洁而美观。常绿植物比较适合北方地区。

别墅中经常用柔质的植物材料来软化生硬的几何式建筑形体，如基础栽植、墙角种植、墙壁绿化等形式。一般在庭院中需要阴凉或是需要界定庭院空间，或是在空间过渡或转折地方强调空间、视线开阔的别墅附近，要选干高枝粗、树冠开展的树种。园林植物与山石相配，能表现出地势起伏、野趣横生的自然韵味，与水体相配则能形成倒影或遮蔽水源，造成深远的感觉。

（四）注意庭院视觉中心的布置

一般情况下，庭院空间（尤其是以观赏为主的庭院空间）都会有一个视觉中心，有时也可以有两个视觉中心（一主一辅）。我国传统庭院中常常以山石、泉水、盆景、花木、引壁题刻等艺术手段作为视觉中心。在现代庭院空间中，除了自然元素之外，雕塑、小品、景墙等都可以作为视觉中心。

庭院小品能改善人们的生活质量、提高人们的欣赏品位、方便人们的生活学习，一个个设计精良、造型优美的小品对提高环境品质起到重要作用。小品的设计应结合庭院空间的特征和尺度、建筑的形式和风格以及人们的文化素养和企业形象综合考虑。小品的形式和内容应与环境协调统一，形成有机的整体，因此在设计上要遵循整体性、实用性、艺术性、趣味性和地方性的原则。

庭院小品一般可分为：

（1）建筑小品：钟塔、庭院出入口、休息亭、廊、景墙、小桥、书报亭、宣传栏等。

（2）装饰小品：水池、喷水池、叠石假山、雕塑、壁画、花坛、花台等。

（3）方便设施小品：垃圾箱、标识牌、灯具、电话亭、自行车棚等。

（4）游憩设施小品：沙坑、戏水池、儿童游戏器械、健身器材、座椅、桌子等。

1. 小品的规划布置

庭院出入口是人们对庭院的第一印象，它能起到标志、分隔、警卫、装饰的作用，在设计时要感觉亲切、色彩明快、造型新颖，同时能体现出地域特点，表现一种民族特色文化。

2. 休息亭廊

几乎所有的庭院都设计有休息亭廊，它们大多结合公共绿地布置，供人们休息、遮阳避雨。亭廊的造型设计新颖别致，是庭院重要的景观小品。

3. 水景

庭院水景有动态与静态之分，动态水景以其水的动势和声响，给庭院环境增添了引人入胜的魅力，活跃了空间气氛，增加了空间的连贯性和趣味性；静态水景平稳、安详，给人以宁静和舒坦之美，利用水体倒影、光影变幻可产生令人叹为观止的艺术效果。另外，水景设计要考虑人们的参与性，这样能创造出一种轻松、亲切的环境，如旱池喷泉、人工溪涧、游泳池等都是深受人们，特别是儿童喜爱的水景形式。

二、庭院空间设计案例分析

白云宾馆建成于 1977 年，宾馆南临广州环市东路，交通方便，周边环境幽静、绿化完整，是当时接待国外宾客的高级宾馆。

在空间布局中，白云宾馆设置了若干大小不一的庭院，这些庭院既解决了高层主楼与裙楼之间的通风采光问题，同时也营造出丰富的景观效果，成为宾馆的一大特色。

餐厅与主楼之间的庭院是宾馆的主要景点之一。庭院面积不大，但却巧妙地利用了原有的三棵古榕树，然后配以人工塑石。粗犷浑厚的山石、自上而下的瀑布、浓荫蔽天的古榕组成了庭院的视觉焦点。这一古拙而雅致、简朴而丰富的庭院空间，常常使人驻足观赏，令人回味无穷。周围的大玻璃又使庭院景观与门厅融为一体，门厅空间随之显得生机勃勃，反映出岭南庭院的特色，成为当时继承传统、勇于创新的佳例（图 7-12 ~ 图 7-14）。

除了主庭院之外，其他的庭院空间内也是挖池叠石，充分利用各种自然景观，形成内外空间延续、自然而又变化的效果，图 7-15 为广州白云宾馆甘泉厅小院透视图。

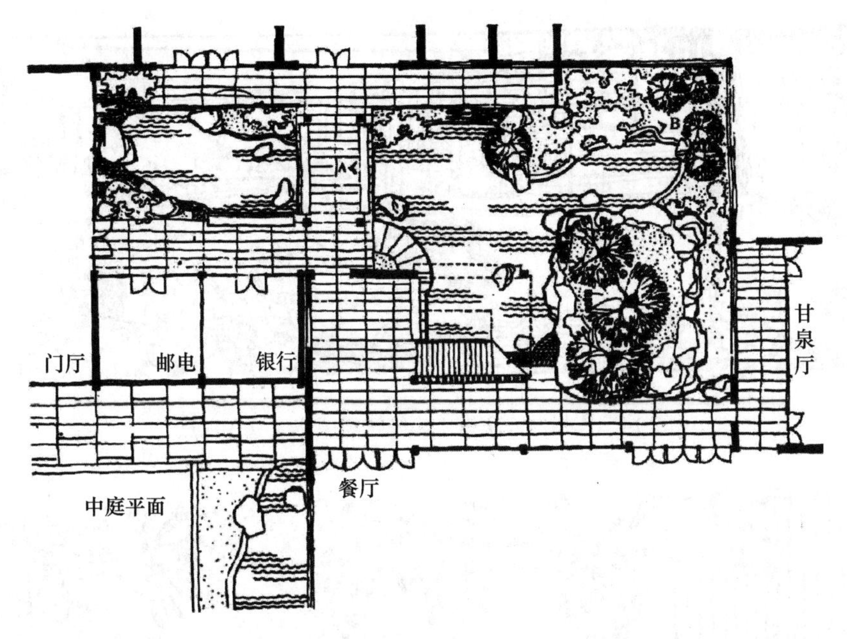

图 7-12　广州白云宾馆主庭院平面图

图 7-13　广州白云宾馆主庭院透视图之一（A 视点）

图 7-14　广州白云宾馆主庭院透视图之二（B 视点）

图 7-15　广州白云宾馆甘泉厅小院内景

参考文献

[1] 杨清平，李柏山．公共空间设计［M］．北京：北京大学出版社，2012.
[2] 孙皓．公共空间设计［M］．武汉：武汉大学出版社，2011.
[3] 管沄嘉．环境空间设计［M］．沈阳：辽宁美术出版社，2014.
[4] 王小荣．无障碍设计［M］．北京：中国建筑工业出版社，2011.
[5] 刘学文．环境空间设计基础［M］．沈阳：辽宁美术出版社，2007.
[6] 李砚祖．环境艺术设计的新视界［M］．北京：中国人民大学出版社，2002.
[7] 陈易，陈申源．环境空间设计［M］．北京：中国建筑工业出版社，2008.
[8] 张海林，董雅．城市空间元素—公共环境设施设计［M］．北京：中国建筑工业出版社，2007.
[9] 林辉．环境空间设计艺术［M］．武汉：武汉理工大学出版社，2005.
[10] 吴建刚，刘昆．环境艺术设计［M］．石家庄：河北美术出版社，2002.
[11] 邵龙，赵晓龙．走进人性化空间：室内空间环境的再创造［M］．石家庄：河北美术出版社，2003.
[12] 任莅棣，雷芸．建筑环境空间绿化工程［M］．北京：中国建筑工业出版社，2006.
[13] 杨雪梅．景观设计［M］．武汉：华中科技大学出版社，2005.
[14] 恩斯特·卡西尔．甘阳译．人论［M］．上海：上海译文出版社，2003.
[15]［挪威］诺伯格·舒尔兹．尹培桐译．存在·空间·建筑［M］．北京：中国建筑工业出版社，1990.
[16] 包亚明．现代性与空间的生产［M］．上海：上海教育出版社，2003.
[17] 王梦林．空间创意思维［M］．北京：北京大学出版社，2010.
[18] 任仲泉．空间构成设计［M］．南京：江苏美术出版社，2002.
[19] 董治年，姬琳．空间构造［M］．北京：中国青年出版社，2014.
[20] 汤洪泉．空间设计［M］．北京：人民美术出版社，2010.
[21] 杨茂川．空间设计［M］．南昌：江西美术出版社，2009.
[22] 张瀚，王波．室内空间设计［M］．北京：科学出版社，2008.
[23] 王平．人性化与环境空间设计［J］．大众文艺，2010，(07).
[24] 傅凯．室内环境设计原理［M］．北京：化学工业出版社，2009.
[25] 周浩明．可持续室内环境设计理论［M］．北京：中国建筑工业出版社，2010.
[26] 周长亮，冼宁．室内环境设计［M］．北京：科学出版社，2010.
[27] 陈洋．室内环境与构造设计［M］．西安：西安交通大学出版社，2002.
[28] 文健．室内空间设计［M］．北京：北京交通大学出版社，2014.
[29] 盖永成，于健．室内设计传达与表现［M］．北京：机械工业出版社，2011.
[30] 熊建新，支林．现代室内环境设计［M］．武汉：武汉理工大学出版社，2005.
[31] 矫克华．现代室内空间设计艺术［M］．成都：西南交通大学出版社，2014.
[32] 王东辉．商业空间设计［M］．北京：中国水利水电出版社，2013.
[33] 翟艳，赵倩．景观空间分析［M］．北京：中国建筑工业出版社，2015.
[34] 王大海．居住空间设计［M］．北京：中国电力出版社，2009.
[35] 李娇，郭媛媛，许洪超．居住空间设计［M］．合肥：合肥工业大学出版社，2016.
[36] 段邦毅．空间构造与造型［M］．北京：中国电力出版社，2008.
[37] 李小慧，郝静．商业环境与空间设计［M］．北京：中国电力出版社，2013.
[38] 张志颖．商业空间设计［M］．长沙：中南大学出版社，2007.
[39]［韩］韩国建筑世界株式会社编，孙磊译．办公空间［M］．大连：大连理工大学出版社，2002.
[40]［美］哈德森．吴晓云译．工作空间设计［M］．北京：中国轻工业出版社，2000.

[41] 霍维国，霍光．室内设计教程［M］．北京：机械工业出版社，2011.
[42] 田勇，陈杰．现代景观空间设计［M］．长沙：湖南人民出版社，2011.
[43] 白德懋．城市空间环境设计［M］．北京：中国建筑工业出版社，2002.
[44] 梁雪，肖连望．城市空间设计［M］．天津：天津大学出版社，2000.
[45] 杨婷婷．公共空间设计［M］．北京：北京理工大学出版社，2009.
[46] 濮苏卫，蔡东艳．建筑空间构成设计［M］．西安：西安交通大学出版社，2007.
[47] 李志民，王琰．建筑空间环境与行为［M］．武汉：华中科技大学出版社，2009.
[48]［美］布思，希斯．马雪梅，彭晓烈译．住宅景观设计［M］．北京：北京科学技术出版社，2013.
[49] 成玉宁．现代景观设计理论与方法［M］．南京：东南大学出版社，2010.
[50] 李泰山．空间设计形式与风格［M］．北京：人民美术出版社，2012.